Für das folgende Buch, das als Masterthesis an der Donau-Universität Krems entstanden ist, wurde der Autorin 2014 vom Public Relations Verband Austria (PRVA) der Franz-Bogner-Wissenschaftspreis verliehen, der hervorragende und innovative wissenschaftliche Arbeiten im Feld der PR-Forschung auszeichnet.

Julia Kuntz

Nonprofit-Reputationsmanagement 2.0

Gutes tun und darüber posten – eine Analyse der Nutzungspotentiale von Social Media PR für das Reputationsmanagement

Herbert Utz Verlag · München

Kommunikationswissenschaft

Band 9

MIX
Papier aus verantwortungsvollen Quellen
FSC® C083411

Bibliografische Information der Deutschen Nationalbibliothek: Die Deutsche Nationalbibliothek verzeichnet diese Publikation in der Deutschen Nationalbibliografie; detaillierte bibliografische Daten sind im Internet über http://dnb.d-nb.de abrufbar.

Coverabbildung: vege | fotolia.com

ISBN 978-3-8316-4680-7

Printed in EU
Herbert Utz Verlag GmbH, München
089-277791-00 · www.utzverlag.de

Danksagung/Widmung

„Es gibt nichts Gutes, außer man tut es."
(Erich Kästner, 1899–1974)

In diesem Sinne möchte ich mich für das „Gute" bedanken, das mir durch die Menschen zu Teil wurde, die mich während dieser Arbeit begleitet, beraten und inspiriert haben.

Abstract (Kurzbeschreibung dt.)

In Zeiten zunehmenden Wettbewerbsdrucks und eines stetig wachsenden Auskunftsbedürfnis der Bürger, können sich auch Nonprofit-Organisationen (NPOs) längst nicht mehr auf den ihnen vorauseilenden, guten Ruf verlassen: Reputationsmanagement muss als Teilaufgabe der PR in ein strategisches Nonprofit-PR Konzept integriert werden, das Kommunikationskanäle miteinander vernetzt, off- wie online auf Social Media. Hier entsteht Reputation in der Kommunikation mit Anspruchsgruppen, die ihre Wahrnehmungen in der Kommunikation über die Organisationen im vormedialen Raum und über diesen hinaus weiter verbreiten. Wie NPOs Social Media PR zum Reputationsmanagement nutzen und welche Nutzungspotenziale sich daraus ableiten lassen, steht dabei im Fokus des Forschungsinteresses. Um diese Frage zu beantworten, werden mithilfe einer qualitativen Inhaltsanalyse reputationsrelevante Kommunikationsdimensionen auf *Facebook* und *Twitter* analysiert. Themendarstellung (*Reputation as position),* Narrationstechniken (*Reputation as symbolic capital)* und Beziehungsaufbau *(Reputation as relationships*) fungieren dabei als theoretisch abgeleitete Kategorien der empirischen Untersuchung. Diese werden in Leitfadeninterviews mit vier ExpertInnen aus den karitativen Organisationen *MISEREOR, Brot für die Welt, SOS Kinderdörfer weltweit* und *Malteser Hilfsdienste* zusätzlich erörtert und in Hinblick auf Nutzungspotenziale reflektiert.

Unterschiede in der Definition des karitativen Auftrags, so ein zentrales Ergebnis der Untersuchung, führen zu unterschiedlichen Akzenten in der Nutzung von Social Media PR für das Reputationsmanagement. Als reputationsrelevanter Kanal wird *Facebook* intensiver genutzt als *Twitter,* wobei reputationsrelevante Themen zumeist durch den Bericht über Erfolge von Projekten und erreichte Zielsetzungen vermittelt werden. Das Erzählen von Geschichten über Ereignisse aus dem Organisationsumfeld und über Leistungsempfänger sowie Visualisierung sind dabei beliebte Narrationstechniken. Beziehungsaufbau läuft zumeist über Information ab, während Dialog selten als Kommunikationsfunktion genutzt wird, auch wenn Interaktionen durch Fragen und Kommentare der Zielgruppen stattfinden. In diesem unmittelbaren Feedback der UserInnen werden zugleich zentrale Nutzungspotenziale identifiziert: Beteiligung und Bewertungen von Themen und Leistungen auf Social Media sind Gradmesser für die Reputationsrelevanz und zugleich eine Art direkte Reputationsrückmeldung. NPOs können Social Media PR also nutzen, um die durch das Feedback der UserInnen als reputationsrelevant wahrgenommenen Themen, Narrationstechniken und Optionen des Beziehungsaufbaus mit Anspruchsgruppen künftig weiter auszubauen.

Abstract (engl.)

In times of a rapidly growing competition and thus steadily augmenting information needs, nonprofit-organizations (NPOs) can no longer rely on the public esteem in which they have been traditionally held. Reputation Management, as a communicative task of PR, has to be integrated in a strategic nonprofit-PR concept that links the classic communication channels outside the Web to the new channels within the Web, i.e. social media. On social media, reputation emerges via the communication with stakeholders who spread their perceptions of the organization in the digital sphere and beyond. Thus the question arises how NPOs use this new form of PR, social media PR, to manage their reputations and which potentials of use derive from that. To answer this question a qualitative content analysis examines the communicative dimensions of *Facebook* and *Twitter* that are relevant to reputation: *Reputation as position, Reputation as symbolic capital* and *Reputation as relationships* are the theoretically derived categories on which the empirical design is based. Those dimensions are further discussed in interviews with communication experts from the charitable organizations *MISEREOR, Brot für die Welt, SOS Kinderdörfern weltweit* and *Malteser Hilfsdienste* reflecting their Social Media PR in terms of potential use for Reputation Management.

A central finding is that differences regarding the definition of the charitable mission lead to different practices of use. *Facebook* is used more intensely than *Twitter* with reputational relevant topics ranging from reports about successful projects to stories about those who are helped. Storytelling about events from the organizational life and visualization are thus popular techniques of narration. Relationship-building relies heavily on informing stakeholders, whereas dialogue is seldom used as communication function for engaging users. Nevertheless, reciprocal interactions in terms of user questioning and commenting on posts take place. These immediate feedback loops are referred to as vital potentials of use by the experts: Participation and evaluation of topics and performance discussed on social media are indicators of reputational relevance and at the same time a kind of direct reputation feedback. Thus, NPOs can use social media PR to further foster the topics, various techniques of narration and mechanisms of relationship-building which are perceived as reputational relevant due to user feedback.

Inhaltsverzeichnis

1 Einleitung

1.1 Problemanriss

„Tue Gutes und rede darüber."[1]
(Graf Zedtwitz-Arnim, 1925–1993)

Dieser Titel eines fast 50 Jahre alten Buches ist eine Handlungsmaxime, die den meisten PR-PraktikerInnen wohl bekannt sein dürfte. Was zunächst nach einer zwar nicht wissenschaftlich fundierten, jedoch praxistauglichen und eindeutigen Definition der Aufgaben von PR klingt, verliert an Eindeutigkeit, wenn eben jenes „Gute" von weiten Teilen der Öffentlichkeit nicht als aufrichtige, ernst gemeinte Intention verstanden, sondern als Mittel zum Zweck, als Aufhänger für „gute" PR-Nachrichten, interpretiert wird. So sehen sich Unternehmen häufig mit dem Vorwurf konfrontiert, nur den schönen Schein zu inszenieren, um ihre Reputation aufzubessern: Gutes wird nicht um willen des Guten getan, sondern, damit man hinterher darüber reden kann, sich einer „guten PR" erfreut. Wer sich aktiv um seine Unternehmensreputation bemüht, weckt zwangsläufig, wie Voswinkel (2001: 23) pointiert formuliert, den Verdacht, er „handle nicht um der Sache, sondern um des Eindrucks willen."

Über diesen Verdacht sind Nonprofit-Organisationen[2], deren Ziel nicht in Gewinnmaximierung, sondern in der Erfüllung gemeinnütziger oder ideeller Sachziele (vgl. Kreziminski 1996: 1) besteht, prinzipiell erhaben, da eben durch diese Gemeinwohlorientierung allgemein anerkannt ist, dass sie Gutes tun, und zwar um ihrer selbst willen. So genießen sie bei Journalisten und der allgemeinen Öffentlichkeit

1 Zitat z. B. auf S. 11 in Zedwitz-Arnim, Georg-Volkmar (1981): *Tue Gutes und rede darüber*, München: Heyne.

2 Sowohl in der deutsch- als auch in der englischsprachigen Literatur finden sich verschiedene Schreibweisen, von Non-Profit-Organisation über Nonprofitorganisation hin zu Nonprofit-Organisation. Letztere Schreibweise wird für diese Arbeit durchgängig verwendet und mit dem Akronym „NPO" abgekürzt. Zur besseren Unterscheidung wird für die Abkürzung im Plural aus dem englischen „Nonprofit-Organisations" ein Plural- S für das Akronym entliehen:„NPOs".

einen gewissen Vertrauensvorsprung gegenüber Profit-Unternehmen (vgl. Brömmling 2007: 25), müssen diesem jedoch durch transparente Kommunikation über „Sinn und Struktur der Empfängerorganisation" (Viest 2004: 17) gerecht werden: Spender und potenzielle Unterstützer hinterfragen zunehmend kritisch, für welche guten Zwecke ihr Geld eingesetzt wird.

Einen Anhaltspunkt bietet dabei das *DZI* Spenden-Siegel[3], das Organisationen einen verantwortungsvollen Umgang mit den ihnen anvertrauten Geldern bescheinigt oder der *Deutsche Spendenrat,* der als mitgliedschaftlich organisierter Verein auf die Selbstkontrolle seiner Mitglieder setzt und eher als Lobbyorganisation von Spenden sammelnden Organisationen zu verstehen ist (vgl. Luthe 1997: 82).

Wie sehr die Reputation einer gemeinnützigen Organisation leidet, wenn dieses Gütesiegel aberkannt wird, zeigt der Fall der Kinderhilfsorganisation *Unicef,* der 2007 Provisionen für die Vermittlung von Spenden an Berater und damit eine Verletzung der Wirtschaftlichkeit sowie der Transparenz bei der Verwendung von Spendengeldern nachgewiesen wurden. „Ein Herz für Berater" titelte Christian Parth am 20. Februar 2007 spöttisch in der *Zeit* online. Viele weitere negative Schlagzeilen, denen eine intransparente und unprofessionelle Krisenkommunikation zusätzliche Angriffsflächen bot, folgten. Der so genannte „*Unicef*-Skandal" gipfelte in der finalen Aberkennung des Spendensiegels durch die *DZI* im Februar 2008. Der Verlust des Siegels ging mit einem signifikanten Vertrauensverlust einher, der sich in Einnahmeeinbußen von drei Millionen Euro und einem Austritt von 20.000 Fördermitgliedern niederschlug (vgl. Riemer 2009: 61). Diese fatalen Konsequenzen, die *Unicef* aus der Spendengeldaffäre zog, spiegeln den Zusammenhang zwischen der Reputation einer gemeinnützigen Organisation und der Bereitschaft der Öffentlichkeit zur finanziellen und ideellen Unterstützung wider.

3 Das Deutsche Zentralinstitut für soziale Fragen (DZI) wird von der Öffentlichkeit oft als „Spenden-TÜV" wahrgenommen, ist jedoch eine Stiftung des bürgerlichen Rechts mit der Bundesarbeitsgemeinschaft der Freien Wohlfahrtspflege (BAGFW) im Stiftungsrat. Die DZI-Arbeit beschränkt sich auf die Verteilung von Spenden-Siegeln für den „humanitär-karitativen" Bereich, weswegen *Greenpeace* z. B. kein Spendensiegel trägt (vgl. Luthe 1997: 81/82).

Mit dem Verlust von Vertrauen und Unterstützungspotenzialen haben aktuell auch die katholische Kirche und die mit ihr assoziierten katholischen Hilfsorganisationen zu rechnen. Sie befinden sich seit den sich häufenden Missbrauchsfällen durch Priester, dem Skandal der Abweisung schwangerer Vergewaltigungsopfer durch katholische Kliniken und nicht zuletzt durch den überraschenden Rücktritt des Papstes im Februar 2013 in einer anhaltenden Reputationskrise beachtlichen Ausmaßes. „Herr, schmeiß PR-Berater vom Himmel"(Islinger 2012) bittet ein süffisanter Artikel im Studenten-und Kulturmagazin *Blaue Narzisse* und legt damit den Finger in die Wunde: Gute PR – im Sinne einer transparenten Kommunikation und kontinuierlichen Beziehungspflege mit relevanten Anspruchsgruppen[4] – ist unerlässlich für den Aufbau von Vertrauen und Reputation.

Als Information über die Vertrauenswürdigkeit (vgl. Peters 2011: 63) eines Unternehmens, sichert eine gute Reputation NPOs Unterstützungspotenziale bei den verschiedenen Anspruchsgruppen, gewährt ihr finanzielle Mittel zur Verwirklichung der Sachziele und nicht zuletzt gesellschaftliche Legitimation als „licence to operate". Der Wert und Nutzen einer „guten" Reputation liegt folglich in materiellen, vor allem aber in immateriellen Vermögenswerten in Form von Beziehungskapital (vgl. Fahrenbach 2012: 16). Beziehungskapital als solches bedarf demzufolge Kommunikation, um Beziehungen zu den Stakeholdern aufzubauen. Man kann folglich in Anlehnung an das metakommunikative Axiom des Kommunikationswissenschaftlers Paul Watzlawick nicht nicht kommunizieren (vgl. Watzlawick et al. 1969), wenn die Öffentlichkeit erfahren soll, für welche Werte ein Unternehmen steht und warum es sich lohnt, dieses zu unterstützen. So müssen NPOs, um ihre Sinn stiftende Funktion für die Gesellschaft und ihre Ziele transparent zu machen, über das Gute, das sie tun, reden.

4 Anspruchsgruppen bezeichnen Zielgruppen im NPO Umfeld (.siehe2.2.1). Die Begriffe „Bezugsgruppen" und die englische Übersetzung von „Bezugsgruppen" als Stakeholder werden synonym verwendet.

1.2 Zielsetzung und Forschungsfragen

Dieses Reden findet heutzutage nicht mehr nur im persönlichen Gespräch oder in klassischen Kommunikationsmedien statt, sondern verlagert sich zunehmend auf soziale Netzwerkforen(vgl. Eck 2010: 21), denen besondere Transparenz und Authentizität (vgl. Schindler/Liller 2011: 16) zugeschrieben werden – Qualitätsmerkmale, die auch von einer glaubwürdigen Nonprofit-PR erwartet werden dürfen. Möglich wird diese neue Form der symmetrischen Kommunikation durch Social Media Anwendungen wie Blogs, Diskussionsforen oder Netzwerkplattformen, die neue Interaktions-und Partizipationsmöglichkeiten in einem multidirektionalen Dialog eröffnen (vgl. O'Reilly 2006: 4): Durch die Transformation des Dialogs vom interpersonalen Zwiegespräch zur interpersonalen, virtuellen Massenkommunikation (vgl. Peters 2011: 131) entsteht Reputation zunehmend „als Summe von Einzelerwartungen und -erfahrungen" (Eck 2010: 21) im Netz. Hier sollte Reputationsmanagement strategisch und in Abstimmung mit klassischen Kommunikationskanälen als gezielte Planung, Organisation und Umsetzung von Maßnahmen zur Einflussnahme integriert werden (vgl. Peters 2011: 76), um das volle Potenzial einer dialogischen Kommunikation mit unterschiedlichen Bezugsgruppen durch Social Media PR auszuschöpfen.

In diesem Sinne bieten sich soziale Netzwerke auch als neue Plattformen für die Kommunikation von Werten und zivilem Engagement für NPOs an: Aufgrund der knappen finanziellen und personellen Ressourcen (vgl. Dyer et al. 2002: 17) in der Kommunikation, die der PR von NPOs mitunter den Ruf einbringt, „zufällig und willkürlich" (Brömmling 2007: 12) zu sein, erweist sich Social Media als Möglichkeit, der „Pflicht zur Kommunikation" (ebd.: 24) nachzukommen. Wichtig ist, nicht nur über das Gute zu reden, sondern es im Dialog interaktiv und in direktem Austausch mit den Ansprechgruppen erlebbar zu machen, um im Rahmen eines strategischen Reputationsmanagements Unterstützungspotenziale zu aktivieren. Wie diese Möglichkeit von NPOs in der Praxis bereits wahrgenommen wird, kann durch eine theoretisch fundierte und empirische Untersuchung der Nutzung von Social Media für das Reputationsmanagement von NPOs aufgezeigt werden.

Das Ziel der vorliegenden Master Thesis besteht darin, eine solche Untersuchung zu konzipieren und durchzuführen. Im Fokus des Forschungsinteresses steht die

Nutzung von Social Media PR als Kommunikationsinstrument für das Reputationsmanagement, die durch zwei Forschungsfragen abgebildet wird:

F1: Wie wird Social Media PR von NPOs als Kommunikationsinstrument für das Reputationsmanagement genutzt?

F2: Welche Nutzungspotenziale lassen sich aus Social Media PR für das Reputationsmanagement ableiten?

1.3 Wissenschaftliche Relevanz

Aus einer kommunikationswissenschaftlichen Perspektive ist die Beantwortung dieser Forschungsfragen relevant, um das Kommunikationsinstrument der Social Media PR in übergeordnete Strategien für die Nonprofit-PR integrieren zu können. Die Social Media Nutzung stellt im Nonprofit-Sektor ein bislang wenig erforschtes Gebiet dar: Zwar weiß man, dass NPOs Social Media für sich entdeckt haben (vgl. Curtis et al. 2010: 90; Lubasch et al. 2010: 11), jedoch ist wenig darüber bekannt, wie sie dieses Kommunikationsinstrument konkret nutzen (vgl. Waters et al. 2009: 102). Vor allem fehlt ein Ansatz, der dezidiert das Reputationsmanagement auf sozialen Netzwerken beleuchtet, Wirkungsgeflechte untersucht und daraus Potenziale ableitet.

Auch Ingendahl und Koelling (vgl. 2010: 186) identifizieren in diesem Bereich weiteren Forschungsbedarf und regen an, vor allem den Beitrag des Dialogs auf Social Media zur Wahrnehmung einer NPO zu untersuchen und herauszuarbeiten. Derselben Argumentation folgend, formulieren Inauen, Schoeneborn und Scherer (2011: 3) das Forschungsinteresse, den Beitrag der einzelnen Social Media Anwendungen zur synchronen Dialogkommunikation herauszuarbeiten. Das Gesamtbild einer seit einigen Jahren verstärkt einsetzenden Nutzung von Social Media im Nonprofit-Sektor muss durch spezifische Analysen der Nutzung und künftiger Gestaltungsparameter einzelner Anwendungen in der direkten Kommunikation mit Anspruchsgruppen ergänzt werden. An diesem Desiderat setzt die vorliegende Arbeit an, indem sie speziell Möglichkeiten zur kommunikativen Gestaltung und Nutzungspotenziale des Reputationsmanagements in den Untersuchungsfokus rückt.

Relevanz und Nutzen leiten sich aus der Anforderung ab, über eine rein deskriptive Bestandsaufnahme der Social Media PR von NPOs hinauszugehen. Dadurch wird nicht nur Social Media PR im Speziellen, sondern auch Nonprofit-PR im Allgemeinen auf eine theoretisch fundierte und auf die Praxis anwendbare empirische Forschungsarbeit in einen wissenschaftlichen Rahmen gestellt.

1.4 Aufbau der Arbeit

Um die zuvor erläuterten Forschungsfragen im Rahmen des Erkenntnisinteresses beantworten zu können, nähert sich die Thesis dem Thema zunächst durch eine theoretische Fundierung an, bevor die theoriebasierten Vorannahmen in einer empirischen Untersuchung überprüft und kritisch diskutiert werden. Die theoretische Fundierung spiegelt dabei in ihrer Gliederungslogik den Aufbau der Forschungsfragen wider. Sie beleuchtet zuerst die Implikationen für die kommunikative Gestaltungsebene, die der Nonprofit-PR und der Kommunikation im Reputationsmanagement gemeinsam sind. In einem zweiten Schritt reflektiert eine Erörterung der Kommunikationsspezifika von Social Media PR potenzielle Wirkungen dieses Instruments. So werden zunächst die **PR in NPOs** (Kapitel 2) und Kommunikation als Teil der Aufgaben des **Reputationsmanagements in NPOs** (Kapitel 3) ausführlich herausgearbeitet und miteinander in Verbindung gebracht.

Dabei stehen besonders die Spezifika von Nonprofit-PR und die daraus resultierenden Implikationen für eine transparente und glaubwürdige Kommunikation im Fokus des Interesses. Da Glaubwürdigkeit „eines der wichtigsten Elemente der Kommunikation von Nonprofit-Organisationen" (Brömmling 2007: 27) ist, integrieren die ersten beiden Theoriekapitel diese Aufgabe der kommunikativen Transparenz in eine Synthese zwischen Nonprofit-PR und Reputationsmanagement als Transparenzmanagement durch PR (vgl. Szyska 2004: 158). Transparenzmanagement führt demzufolge zur Entstehung von Vertrauen und reputationsrelevanten Unterstützungspotenzialen durch dialogische Kommunikation mit Anspruchsgruppen. Transparenz und Vertrauensaufbau durch und im Dialog repräsentieren ihrerseits wiederum spezifische Mehrwerte der **Social Media PR für die Reputation** (Kapitel 4) und qualifizieren sie damit als **Kommunikationsinstrument für das Reputationsmanagement in NPOs** (Kapitel 5).

Eine Zusammenfassung der aus dem Literaturteil gewonnenen Erkenntnisse führt die Themenkomplexe in Kapitel 5 schließlich zusammen und illustriert die aus der Theorie ableitbaren Implikationen für die Konzeption der empirischen Untersuchung. Diese theoretische Fundierung bildet den Rahmen für die **empirische Untersuchung** (Kapitel 6), die in einer Fallbeispielanalyse eine Inhaltsanalyse und qualitative Interviews mit KommunikationsexpertInnen kombiniert.

Das übergeordnete Ziel der Thesis besteht darin, in einer Synthese aus Theorieteil und empirischer Erhebung die kommunikative Gestaltung und die potenziellen Wirkungen des NPO Reputationsmanagements auf Social Media zu analysieren und künftige Nutzungspotenziale abzuleiten.

2 PR in NPOs

„Man muss das Gute tun, damit es in der Welt sei.“[5]
(Marie von Ebner-Eschenbach, 1830–1916)

Um Potenziale des Reputationsmanagements auf Social Media für NPOs erschließen zu können, ist zunächst ein tieferes Verständnis der Organisationsstruktur sowie der Zielsetzungen und der Kommunikation von NPOs erforderlich. Was Nonprofit bedeutet, scheint aus einem Alltagsverständnis heraus allzu evident: NPOs sind Organisationen, die keinen Profit, also Gewinn, aus ihrer Geschäftstätigkeit anstreben. Was die einschlägige Fachliteratur jedoch darunter versteht und welche Begriffserklärungen für Nonprofit und NPO dominieren, soll in Kapitel 2.1 erläutert werden. Um den Begriff vollumfassend abzubilden, ist es notwendig, die Struktur und Typologie von NPOs zu analysieren (2.1.1). Vom Ziel der Gemeinwohlorientierung aus wird eine Brücke zur gesellschaftlichen Rolle von NPOs (2.1.2) geschlagen, die schließlich auf den Aspekt der Kommunikation mit Anspruchsgruppen der Zivilgesellschaft verengt wird.

Wie muss eine NPO kommunizieren, um ihre Leistungen für die Gesellschaft sichtbar zu machen und wie lassen sich Spezifika einer Nonprofit-PR (2.2) als Beziehungsaufbau mit Anspruchsgruppen beschreiben? Die Antwort auf diese Frage ist zwangsläufig mit einer Darstellung der strategischen Ziele und Zielgruppen (2.2.1) sowie der Instrumente der Nonprofit-PR (2.2.2) verbunden. Dabei wird abschließend Social Media in das Instrumentarium der Nonprofit-PR verortet, um erste Anknüpfungspunkte für die Beantwortung der ersten Forschungsfrage zu identifizieren. Im Hinblick auf die zweite Forschungsfrage ist es an dieser Stelle ebenso wichtig, Problemfelder (2.2.3) und Potenziale (2.2.4) der Nonprofit-PR als Grundlage für die spätere Diskussion der reputationsrelevanten, Social Media-spezifischen Nutzungspotenziale herauszuarbeiten. So ist es dann bei der Auswertung der Ergebnisse eventuell möglich, Verbindungslinien zwischen Potenzialen der Nonprofit-PR und jenen der Social Media PR abzubilden und diese Synthese für Nutzungspotenziale des Reputationsmanagements von NPOs fruchtbar zu machen.

---

5 Zitat auf Seite 7 in Philipp Reclam junior (1988): *Marie von Ebner-Eschenbach Aphorismen*, Reclam: Stuttgart.

Gut reden können – professionelle PR – ist somit das Bindeglied zwischen einer NPO und ihrer Reputation in der Gesellschaft und trägt damit langfristig zum Erfolg der Organisation bei.

2.1 Begriffserklärung Nonprofit und NPO

Erfolg im Sinne einer Anerkennung der eigenen Leistung und eines guten Ansehens – einer guten Reputation – in der Gesellschaft ist eine legitime Zielgröße von NPOs. Für Gewinn und finanziellen Profit gilt dies nach landläufiger Meinung hingegen nicht.

Bei näherer Betrachtung gestaltet sich der Bedeutungsgehalt jedoch ungleich komplexer, kann mit Gewinn doch nicht nur quantifizierbare Umsatzsteigerung, sondern auch das Erreichen „eines ideellen oder gesellschaftlich wünschbaren *Fortschritts* oder *Vorteils*" (Tonnemacher 2008: 490) gemeint sein. Und einen solchen, nicht finanziellen, sondern gemeinwohlorientierten Gewinn verfolgen NPOs als primäres Organisationsziel. Vor diesem Hintergrund beschreibt Kreziminski (1996: 3) NPOs auch als „sachzieldominierten Zweckverband zur Verwirklichung ideeller Ziele." Die meisten Begriffserklärungen folgen dieser Argumentationslinie: So erschließt beispielsweise Pleil (2005: 4) die Negierung der Gewinnerzielungsabsicht als entscheidendes Spezifikum für NPOs, da sie nicht direkt wirtschaftlichen, sondern gesellschaftlichen Profit erreichen wollen. Zu einer ähnlichen Ansicht gelangt auch Tonnemacher (2008: 494), der für eine NPO Eigeninteressen, die „über die Aufrechterhaltung und Verbesserung der eigenen Funktion" zur Zielerreichung hinausgehen, ausschließt.

Nonprofit bedeutet in diesem Kontext die Vermeidung des wirtschaftlichen Eigennutzens, ein Kriterium, das allen NPOs durch die Nondistribution-Constraint, d.h. eine Ausschüttungssperre von erzielten Gewinnen an die Eigenkapitalgeber (vgl. Kotler 1982: 173), gemeinsam ist – und dies unabhängig von der jeweiligen Organisationsstruktur und ihrer individuellen Einordnung im Spektrum der Typologien, die verschiedene Subtypen von NPOs nach ihren Aufgabenfeldern und Leistungsempfängern unterscheiden.

2.1.1 Struktur und Typologie von NPOs

Die Organisationsstruktur von NPOs erweist sich als ebenso heterogen wie ihr Aufgabenspektrum: Als „nicht-kommerzielle Organisationen des *dritten Sektors*" (Schütte 2008: 610) firmieren sie als Verbände, Vereine, Institutionen, Stiftungen, gemeinnützige GmbHs, Körperschaften des öffentlichen Rechts. Die *Rechtsform* im Spektrum zwischen privaten, gemeinwirtschaftlichen und öffentlichen Organisationen ist nach Bruhn (2005: 34/35) ein Kriterium für die Ableitung von Organisationstypologien. Des Weiteren verbindet ihm zufolge die Klassifikation *Dritter Sektor* alle Organisationen, die sich von Profit-Organisationen, aber auch vom Staat abgrenzen.

Während sich die traditionellen Organisationen wie z. B. Kirchen oder Gewerkschaften laut Krzeminski (1997: 3) seit den 90er Jahren mit einem massiven Mitgliederschwund konfrontiert sehen, erfreuen sich Vereine und kleine Organisationen mit „lebensweltlicher Orientierung" (Viest 2004: 16) eines steten Zuwachses (vgl. Pleil 2005: 6). So hat sich die Vereinsdichte in Deutschland im Zeitraum von 1975 bis 1995 in etwa verdreifacht (vgl. Anheier/Seibel 2001: 74). Der Trend des Zulaufs zu vielen kleineren Organisationen, die Spaß und Selbstverwirklichung versprechen, spiegelt die von den 90ern bis heute stetig zunehmende gesellschaftliche Pluralisierung und Individualisierung wider (vgl. Viest 2004: 16).

Trotz aller Heterogenität ist NPOs das *bedarfswirtschaftliche*[6] Handeln gemeinsam (vgl. Bruhn 2005: 33): Im Gegensatz zu *erwerbswirtschaftlichen* Profit-Unternehmen erbringen NPOs die Leistungen um ihrer selbst willen, ohne dafür Preise zu erheben (vgl. Viest 2004: 10) oder eine direkte Gegenleistung in finanzieller Form zu erhalten. Ihre Finanzierung erfolgt nach Riemer (2004: 6) zu 35 Prozent aus staatlichen Zuschüssen und zu 12 Prozent aus Spenden und damit leistungsunabhängig. Zwar darf eine NPO staatliche Förderung erhalten, jedoch darf sie nicht staatlich organisiert sein, d. h., ein formales Kriterium für die organisationale Struktur ist die *private Trägerschaft* (vgl. Viest 2004: 12). Weitere Kriterien sind 1) eine *formale*

6 Übergeordnete Begriffe bzw. Begriffsdifferenzierungen sowie Aufzählungen von einzelnen Aspekten im Rekurs auf bestimmte Autoren als Zitate werden künftig zur besseren Abhebung vom Restextkorpus kursiv geschrieben.

Organisationsstruktur mit Verhaltensregeln und klarer Verantwortungsattribuierung, 2) eine *autonome Selbststeuerung und Kontrolle* sowie 3) das Prinzip der *Freiwilligkeit* in Mit- und Zusammenarbeit (vgl. Salamon/Anheier 1999: 9). Ob diese in Fremd- oder Selbstorganisation erfolgt, also der *Partizipationsgrad* der Mitgliedervertretung, ist ebenfalls ein zentrales Kriterium für die Einteilung in Typologien (vgl. Bruhn 2005: 37).

Auf der Ebene des Partizipationsgrades kann nach Pleil (2005: 5) ferner nach dem Qualifikationsprofil der Mitarbeiter zwischen *ehrenamtlichen* und *professionell* arbeitenden NPOs sowie einer *Mischform* aus beiden differenziert werden. Erstere sind besonders Bürgerinitiativen und kleinere Vereine des lokalen Umfelds, die basisdemokratisch organisiert sind und spontan entstehen können. Im Gegensatz dazu arbeiten beispielsweise wissenschaftliche Organisationen oder gemeinwirtschaftliche Gesellschaften mit professionellen Kräften. Die meisten NPOs setzen Pleil zufolge jedoch auf eine Mischung aus professionellen und ehrenamtlichen Mitarbeitern, wobei die zentralen Managementaufgaben den professionellen Kräften obliegen, während Ehrenamtliche auf lokaler Basis autonom Projekte vorantreiben.

Als Beispiele für diesen Typus führt Pleil (2005: 5) Organisationen an, die deutschlandweit oder international agieren, so z. B. *Greenpeace, WWF, Amnesty International* oder der *Kinderschutzbund.* Durch die Differenzierung nach Aufgabenfeldern ergibt sich nach Pleil und ebenso nach Anheier und Seibl (2000: 82) folgende Typologie der NPOs.

Abbildung 1: Typologie der Nonprofit-Organisationen
Quelle: Pleil 2005: 5

Aus den unterschiedlichen Möglichkeiten der Zuordnung lässt sich zusammenfassend ableiten, dass NPOs nach den zuvor erläuterten Kriterien der *Rechtsform, des Partizipations- und Qualifikationsgrades* der Mitarbeiter, des *Tätigkeits- bzw. des Aufgabenspektrums* und *der Zielsetzung* in Typologien klassifiziert werden. Daraus folgt jedoch zwangsläufig, dass einige NPOs wie beispielsweise Kirchen oder karitative[7] Einrichtungen den (theoretisch) konstruierten Idealfall des „klassischen" Typus im Zentrum des Organisationstypologiespektrums verkörpern.

In diesem Zentrum stehen auch die in der vorliegenden Arbeit untersuchten NPOs, die nach Pleil (2005: 5) in Bezug auf ihr Aufgabenspektrum als karitative Organisationen (vgl. Abb. 1) einzustufen sind. Unter karitativen Organisationen subsummiert Krzeminski (1996: 1) Hilfsorganisationen für Benachteiligte, Kranke, Behinderte, Menschen in der Dritten Welt, zunehmend auch Selbsthilfeorganisationen sowie Kirchen und Religionsgemeinschaften. Der letztgenannte Aspekt, die Bindung an einen kirchlichen Träger, ist für drei (*MISEREOR*, *Brot für die Welt*, *Malteser Hilfsdienste*) der vier zu untersuchenden NPOs (vgl. Tab.1) erfüllt. Als Hilfswerke sozial Bedürftiger sowohl im In- als auch im Ausland repräsentieren sie im Spektrum der NPOs den Typus einer klassischen NPO.

Tabelle 1: Organisationstypologie der ausgewählten NPOs
Quelle: eigene Darstellung

Nonprofit-Organisation	*MISEREOR*	*Brot für die Welt*	*SOS Kinderdörfer weltweit*	*Malteser Hilfsdienste*
Spezifizierung der Organisation	Hilfswerk	Hilfswerk	Hilfsorganisation	Hilfsdienst
Organisations-typologie	karitativ	karitativ	karitativ	karitativ

Staatliche Einrichtungen, die neben gemeinwohlorientierten Zielen durchaus politischen Eigeninteressen nachgehen, sind eher am Rande des Spektrums anzusiedeln (vgl. Tonnemacher 2008: 493). Parteien, Gewerkschaften und Verbände sind dem-

7 Im Gegensatz zu Pleil (2005: 5) wird hier bewusst die Schreibweise „karitativ" anstelle von „caritativ" präferiert.

zufolge nah an der Grenze zum Profit-Sektor einzuordnen, da sie Eigeninteressen ihrer Mitglieder in den Mittelpunkt stellen.

Die weit gefasste Typologie, die auch wirtschaftliche Unternehmensverbände, Gewerkschaften und Kammern dem wirtschaftlichen/politischen NPO Umfeld zuweist, stößt bei Ronneberger (1982: 66) auf Kritik. Er schlägt vor, nur karitative, kulturelle, philanthropische und altruistische Zwecke als Zielsetzungen von NPOs anzuerkennen. Diese Sichtweise schließt jedoch Organisationen aus, die zwar indirekt profitorientiert sind, jedoch keine Profit-Unternehmen repräsentieren (vgl. Pleil 2005: 4). Gerade diese Diskrepanz zwischen Profitstreben für den guten „Nonprofit-Zweck" und Gemeinwohlorientierung, die bei manchen Organisationen unterschwellig wahrgenommen werden kann, wirft bei potenziellen Spendern jedoch die Frage auf, ob die Gelder letztendlich überhaupt beim Adressaten ankommen. Diesen Verdachtsmomenten können NPOs nur mit Offenheit und Offenlegung aller finanziellen Transaktionen begegnen – aus dem Mangel an öffentlicher Kontrolle resultiert Transparenz als zentrale Pflicht im Umgang mit der Öffentlichkeit (vgl. Brömmling 2007: 24).

2.1.2 Die gesellschaftliche Rolle von NPOs

Transparenz über den eigenen Beitrag zum Gemeinwohl herzustellen ist insofern eine zentrale Aufgabe, da NPOs von Steuerbegünstigungen und staatlichen Zuschüssen (vgl. Brömmling 2007: 22) profitieren, die sie mit einem permanenten Rechtfertigungsdruck gegenüber der Öffentlichkeit konfrontieren (vgl. Pleil 2005: 6/9) und zwingen, die positive Auswirkung ihrer Leistungen auf die Gesellschaft nachzuweisen (vgl. Brömmling 2007: 22). Durch die zunehmende Konkurrenzsituation zu Profit-Unternehmen, die unter der Flagge des Social Corporate Responsibility Ansatzes verstärkt gesellschaftliches bzw. soziales Engagement zeigen und „quasi-marktliche" (Viest 2004: 14) Kooperationen mit dem Nonprofit-Bereich eingehen, durchlaufen NPOs einen Professionalisierungsprozess (vgl. Pleil 2005: 6), der jedoch die Wahrnehmung des gemeinnützigen Charakters tendenziell konterkarieren könnte.

Je professioneller NPOs arbeiten und je näher sie damit in die vermeintliche Nähe von Profit-Organisationen geraten, desto mehr leidet die Glaubwürdigkeit. Glaubwürdigkeit und das daraus erwachsende Vertrauen, die sich erst durch die Bereitschaft zur Transparenz ergeben (vgl. Bentele/Seidenglanz 2008: 355), sind jedoch zentrale Werte für NPOs, damit der ihnen zugewiesenen gesellschaftlichen Rolle Unterstützung und Wohlwollen entgegengebracht wird (vgl. Klenk/Hanke 2009: 64). Diese gesellschaftliche Relevanz und Akzeptanz erwächst NPOs unter anderem auch, da sie zunehmend Aufgaben in Politik und Staat (vgl. Bruhn 2005: 27; Redelfs 2005: 251), im Gesundheitswesen, in der Bildung sowie in der Wissenschaft (vgl. Brömmling 2007: 11) übernehmen. Dabei werden Pleil zufolge (2005: 5) die unterschiedlichen Interessen von BürgerInnen in einer pluralen Gesellschaft vertreten sowie Anspruchsgruppen eine Stimme verliehen, die sonst nicht gehört werden. Spezielle Typen von NPOs, wie z.B. Wohlfahrtsverbände oder Initiativen im politischen Umfeld, nehmen nach Pleil sogar Einfluss auf den Gesetzgebungsprozess und üben somit eine wichtige politische und demokratische Steuerleistung aus. Diese wird in Zeiten, in denen das Vertrauen in die „Problemlösungskompetenz“ (ebd.: 6) des Staates und der Politik abnimmt und der „Glaubwürdigkeitsbonus“ (Redelfs 2005: 246) von Nichtregierungsorganisationen zunimmt, als positiv bewertet, solange NPOs sich eines stärkeren Vertrauens der BürgerInnen in eine gerechte Interessenvertretung als würdig erweisen. Die Politik selbst begrüßt bürgerliches Engagement als „ordnungspolitisches Element“ (Brömmling 2007: 11) der Demokratie.

Den demokratieförderlichen Charakter und den Beitrag der NPOs zu öffentlichen Diskursen im Rahmen des pluralen Meinungsaustausches stellen Ronneberger und Rühl (1992: 100f.) heraus, indem sie Nonprofit-PR eine gesamtgesellschaftliche Funktion attestieren, die über eine rein organisationstheoretische Sicht auf PR als Disziplin im Marketingmix hinausgeht (vgl. Tonnemacher 2008: 495). Diese gesellschaftliche Funktion besteht Ronneberger und Rühl zufolge in einer Integrationsleistung einzelner Organisationen und ihrer Interessen in die Gesellschaft: PR trägt nach Avenarius (2000: 29) zur öffentlichen Auseinandersetzung und Konsensfindung bei, da sie Öffentlichkeit überhaupt erst herstellt, d.h. VertreterInnen der unterschiedlichen Meinungsmärkte erst medial zu Wort kommen lässt. Dies gilt für Nonprofit-PR in noch stärkerem Maße als für PR im Allgemeinen, da sie Advokat jener wird, die sonst im Aufmerksamkeitswettbewerb des medialen Meinungsmarkts untergehen (vgl. Pleil 2005: 5) und da ihrem Kommunikationsangebot a priori Merkmale der Sinnstiftung und des Interessenausgleichs anhaften.

Für die Zukunft deutet sich nach Viest (2004: 13) sogar ein Bedeutungszuwachs bestimmter Nonprofit-Leistungen an – dieser ist ebenso wie der Wandel und die Öffnung des Dritten Sektors durch stete Ausdifferenzierung in vielfältige Aufgabenspektren sowie Leistungsangebote auf gesellschaftliche Entwicklungen zurückzuführen. Neben dem bereits erwähnten Vertrauensverlust in die Lösungskompetenz von staatlichen Institutionen spielen Viest zufolge zusätzlich gesellschaftliche und wirtschaftliche Faktoren eine Rolle. Im gesellschaftlichen Bereich führt die Verkürzung der Arbeitszeiten nach der Aussage von Bruhn (2005: 29) zu einer Nachfrage nach Freizeitaktivitäten und sinnstiftendem Engagement, die NPOs befriedigen können. Des Weiteren sensibilisiert der Wertewandel in als prekär erlebten Zeiten der Instabilität und Krise für die Notwendigkeit einer individuellen Verantwortungsübernahme und einer höheren Wertschätzung ideeller Motive.

Insgesamt sind und bleiben NPOs damit wichtige gesellschaftliche Institutionen, die plurale Interessen wahrnehmen und vertreten (vgl. Pleil 2005: 3). NPOs bedürfen im Spannungsfeld zwischen neuen Herausforderungen und zunehmendem Professionalisierungsdruck einer steten Selbstreflexion sowie einer Legitimation ihrer Tätigkeit (vgl. Viest 2004: 16/17). Stärkere Medienpräsenz, transparente Informationen sowie mehr Partizipationsmöglichkeiten (vgl. Matzke 2001: 9) gehören zum Kanon der Forderung einer sich kritisch informierenden Öffentlichkeit. Besonders die Komplexität, die den Themen und Organisationsformen des Nonprofit-Sektors inhärent ist (vgl. Brömmling 2007: 13), resultiert in einem erhöhten Kommunikationsaufwand, um die eigene Leistung in der Vielfalt der Angebote sowie den symbolischen und sozialen Nutzen der Kommunikation (vgl. Klein 2005: 18) über „immaterielle Güter“ (Krzeminski 1996: 3) transparent zu machen.

2.2 Spezifika der Nonprofit-PR

Aufgrund dieser Notwendigkeit, Leistungsideen und -versprechen, zu denen viele der AdressatInnen keinen direkten Zugang haben (vgl. Scheuch 2007: 261), im zunehmenden Wettbewerb um Aufmerksamkeit und Spender sichtbar zu machen, kommt Kommunikationsleistungen in NPOs eine besondere Bedeutung zu: Die bewusste, zielgerichtete und systematische Gestaltung kommunikativer Beziehungen, um im Dialog und in konstruktiven Diskussionen zum Interessensausgleich beizutragen (vgl. Scholz 1994: 2/3), ist ein zentrales Anliegen, das auch das PR-Verständnis der Deutschen Public Relations Gesellschaft (DPRG) widerspiegelt. PR wird als eben jenes Bemühen um gesellschaftliche Akzeptanz zur „zentralen Management-Aufgabe“ (Schütte 2008: 610) von NPOs und spiegelt Pleil zufolge (2005: 9) ein „ureigenes Interesse wider: Kommunikationsarbeit korrespondiert in NPOs oftmals mit dem Organisationsziel, Öffentlichkeit für einen Sachverhalt herzustellen, Werte und Interessen einer Gemeinschaft gegenüber Dritten geltend zu machen sowie Unterstützungspotenziale zu generieren. Dafür müssen auf Empfehlung von Riemer (2004: 9) die für die Organisation relevanten Issues[8] und Teilöffentlichkeiten identifiziert werden, um passende Kommunikationsstrategien zu entwickeln.

Gleichsam Voraussetzung für die Erreichung dieser Kommunikationsziele ist das Verständnis einer (Nonprofit-)PR als Transparenzmanagement, das Vertrauen in den Beziehungen zu den einzelnen Stakeholdern durch kontinuierliche, konsistente und symmetrische Kommunikation aufbaut und damit Akzeptanzräume für Handlungen und Ziel der NPO generiert (vgl. Szyska 2004: 158). Die Nonprofit-PR[9] muss ihre Kommunikation den Prinzipien der Transparenz, des Vertrauensaufbaus und der Akzeptanzgewinnung verpflichten. Um diese übergeordneten Ziele und Kommunikationswerte in konkrete PR-Maßnahmen umzusetzen, werden zumeist Kommunikationsinstrumente aus dem Profit-Sektor adaptiert (vgl. Schütte 2008: 610), die in Abhängigkeit von den spezifischen Zielen der Nonprofit-PR in Gewichtung und Einsatzfrequenz variieren können (vgl. Tonnemacher 2008: 496).

---

8 Issues kann im Deutschen am ehesten mit „Themen“ übersetz werden, hat aber in dieser Arbeit nach Sicht der Verfasserin die zusätzliche Konnotation von „Themen mit und von Bedeutung, denen Chancen oder Risikopotenziale innewohnen.“

9 In der Literatur überwiegt die Verwendung des Terminus Nonprofit-PR (Krzeminski, 1997; Pleil, 2005; Brömmling, 2007; Tonnemacher, 2008) zur Beschreibung der kommunikativen Beziehungspflege, nur selten (Riemer 2004; Viest, 2004) und eher zur Beschreibung der Spezifika von Form, Inhalt und Funktion wird der Begriff Nonprofit-Kommunikation präferiert. Die Verfasserin verwendet, wenn möglich, den Terminus Nonprofit-PR auf der zielgruppenspezifischen Ebene und Kommunikation auf der übergeordneten, allgemeinen Gestaltungsebene und Inhaltsebene.

2.2.1 Strategische Ziele und Zielgruppen der Nonprofit-PR

Übergeordnetes Ziel einer jeden Nonprofit-Organisation ist es, das Unternehmensziel zu erreichen, das nach Brömmling (2007: 20) mit dem Erfüllen des gemeinnützigen Zwecks gleichzusetzen ist. Dieses Hauptziel differenziert sich in verschiedene Unterziele aus, zu denen auch die kommunikativen Ziele der PR gehören. Einen besonderen Stellenwert innerhalb der Nonprofit-PR Ziele nimmt Brömmling zufolge dabei die Information der Öffentlichkeit, aber auch der eigenen MitarbeiterInnen, ein. Kommunikation verfolgt somit eine externe und interne Richtung. Minimalziel der externen Kommunikation durch Information besteht darin, Aufmerksamkeit zu wecken, während es als Maximalziel gilt, durch Information Vertrauen zu erzeugen und ideelle sowie finanzielle Unterstützungspotenziale zu generieren (vgl. Riemer 2004: 9).

Obwohl Nonprofit- PR als Aufbau und Pflege von Beziehungen zu SpenderInnen (vgl. Pleil 2005: 16) nicht mit Fundraising gleichzusetzen ist, ist der Erwerb von finanziellen Mitteln ein anerkanntes mittelfristiges PR-Ziel: Potenzielle SpenderInnen gehören damit zu dem sehr heterogenen Spektrum der Anspruchsgruppen, die Theuvsen (2011: 135) aufgrund ihrer Vielfalt als multiple Stakeholder bezeichnet. Zu diesen unterhalten NPOs, die sich klassischerweise durch einen intensiven Vernetzungsgrad zu ihrem Umfeld (vgl. Scheuch 2007: 260; Horak/Matul/Scheuch 2007: 197) auszeichnen, sowohl schlüssige als auch unschlüssige Tauschhandlungen (vgl. Bruhn 2005: 218).

Bei der Bezugsgruppeneinteilung ergibt sich für Scheuch (2007: 261) die Notwendigkeit einer Segmentierung in Personen mit Leistungserfahrung, also Menschen, die bereits, wie z. B. Katastrophenopfer, die Hilfe einer NPO in Anspruch genommen haben, und AdressatInnen, die Leistungen nur auf Basis von Vorvertrauen beurteilen können. Des Weiteren differenziert er in externe (SpenderInnen, SponsorInnen, KooperationspartnerInnen, Medien, Gesetzgeber etc.) und interne (zukünftige und bestehende MitarbeiterInnen) Anspruchsgruppen. Horak, Matul und Scheuch (2007: 197) ergänzen die externe Ebene um KundInnen, öffentliche Institutionen, Wettbewerber und Anrainer, während Bruhn (2005: 218) marktbezogene Anspruchsgruppen wie Angehörige, Förderer, Zulieferer und ebenfalls KooperationspartnerInnen aufzählt. Langer und Schröer (2011: 21) sehen auch die allgemeine Öffentlichkeit als zentrale Bezugsgruppe für NPOs. Welche Anspruchsgruppen für NPOs trotz einer nicht einheitlich gegebenen Systematik der Bezugsgruppen-Einteilung eine Rolle spielen können, illustriert folgende Abbildung:

Abbildung 2: NPO Bezugsgruppen
Quelle: Stötzer 2008: 408

Auch wenn der Anspruch auf Vollständigkeit hier gegeben scheint, empfehlen Stötzer (2008: 408) und Scheuch (2007: 260) für NPOs, ihr jeweiliges Bezugsgruppengeflecht individuell zu erstellen. Besonders individuelle Multiplikatoren außerhalb der Medien (vgl. Abb. 2), wie z. B. im Online-Bereich am Thema interessierte Blogger, die ebenfalls Einfluss nehmen können, sind von den NPOs eigenständig als Zielgruppe zu bestimmen. So sind Schindler und Liller (2011: 117) zufolge, besonders bei der PR auf Social Media, die AutorInnen der zahlreichen Blogs um politische und gesellschaftliche Themen als potenzielle Meinungsführer bei der Zielgruppenanalyse zu berücksichtigen.

Eine individuell gewählte Kommunikationsstrategie orientiert sich nach Riemer (2004: 13) an den jeweiligen Bezugsgruppen und differenziert die einzelnen Ziele, die auf das Hauptziel der organisationalen Zweckerfüllung sowie auf das kommunikative Ziel der Vertrauensbildung einzahlen, nach Aufgaben und Funktionsfeldern:

Kognitive Ziele verfolgen die Aufgabe, Themeninhalte anschaulich und transparent zu vermitteln, während *affektive Ziele* der Etablierung eines Organisationsimages bedürfen, das bei den Anspruchsgruppen mit positiven Emotionen besetzt ist. *Konative Ziele* bilden Riemer zufolge dabei die Spitze der Zielhierarchie, sind jedoch am schwersten zu erreichen: Langfristig Einstellungen zu verändern und Verhalten der Bezugsgruppen zu beeinflussen ist die Kür der Kommunikation.

2.2.2 Instrumente der Nonprofit-PR und Einordnung in die PR-Modell von Grunig und Hunt

Um diese verschiedenen Kommunikationsziele zu erreichen, erfüllen PraktikerInnen neben klassischen PR-Aufgaben auch andere Kommunikationspflichten wie Marketing, Lobbying oder Mitgliederwerbung (vgl. Pleil 2005: 11). Der Sprecher der *Unicef* Deutschland, Rudi Tarneden, empfiehlt in diesem Kontext eine „integrierte Kommunikation über vielfältige Kommunikationskanäle" (2010: 147), die PR, Marketing, Werbung und Fundraising in einem stimmigen Gesamtkommunikationskonzept zusammenführt (vgl. Krzeminski 1996: 9). Bei der Ausführung der einzelnen, aus einer übergeordneten Strategie abgeleiteten PR-Maßnahmen unterscheidet sich das Instrumentarium im Wesentlichen nicht von dem der Profit-PR (vgl. Krzeminski 1996: 4; Schütte 2008: 610). Insgesamt lassen sich nach Tonnemacher (2008: 496) zwei Ebenen von PR-Instrumenten differenzieren, die sich im Spektrum der Kommunikationsrichtung diametral gegenüber stehen: *Öffentlichkeitsarbeit mit eigenen Publikationen* sowie *Persönliche Öffentlichkeitsarbeit im Dialog*. Die Differenzierung zwischen einseitigem Informationstransfer und zweiseitigem Austausch knüpft dabei an das Konzept der PR-Modelle nach Grunig und Hunt (1984) an.

Im ersten Modell fungieren klassische Werbemittel, aber auch die Presse (vgl. Grunig/Hunt 1984: 22/23) als Instrumente zur Botschaftsverkündung im Sinne eines vereinfachten Reiz-Reaktions-Modells. Im zweiten Modell wird der Rezipient von Grunig und Hunt nicht mehr als ein Empfänger von Reizen betrachtet, sondern als jemand, der Entscheidungen und Verhaltensweisen vom Grad seines Wissens abhängig macht. Deswegen rückt eine umfassende Aufklärungs- und Mitteilungstätigkeit in den Fokus des *Information* Modells. Hier setzt *Öffentlichkeitsarbeit mit eigenen Publikationen* an und zielt dabei auf die Informationsleistung, die NPOs für ihre Zielgruppen wie z. B. GeldgeberInnen, MitarbeiterInnen, MultiplikatorInnen/VermittlerInnen und EmpfängerInnen der Zuwendungen erbringen. Diese wird laut Tonnemacher (2008: 496) mithilfe klassischer PR-Instrumente wie Medienarbeit, Pressemitteilungen, Geschäftsberichten, Broschüren, Newsletter oder Mailings übermittelt. Der Kommunikationsfluss läuft dabei, wie auch beim *Publicity* Modell, nur in eine Richtung. Eine zweiseitige Kommunikationsrichtung wird im dritten Modell der asymmetrischen Zwei-Wege-Kommunikation erreicht: Zwar geht auch hier die Initiative noch vom Sender aus, allerdings ist ein gewisser Grad an Reziprozität bereits erreicht, da der Rezipient ein Feedback zu der argumentativen Überzeugungsarbeit des Senders abgeben kann (vgl. Grunig/Hunt 1984: 23). Die reine Feedbackfunktion erweitert sich im *Dialog* Modell zu einer symmetrischen Zwei-Wege-Kommunikation, die einen gleichberechtigten Austausch auf Augenhöhe, also Konsens, zum Ziel hat. Dieses Ziel verfolgt die *Persönliche Öffentlichkeitsarbeit im Dialog* Tonnemacher zufolge durch den direkten Kontakt zu Stakeholdern, z. B. auf Messen, Ausstellungen oder sonstigen Events oder auch durch gezieltes Interessenlobbying.

NPOs greifen insgesamt am häufigsten auf *Öffentlichkeitsarbeit mit Publikationen,* also im Rekurs auf Grunig und Hunt (1984: 22/23) auf das Modell der *Information* zurück. Bei einer von Dyer und Kollegen im Jahre 2002 durchgeführten Befragung von 21 PR-Verantwortlichen in amerikanischen NPOs gab die überwiegende Mehrheit der PraktikerInnen an, die Verbreitung von Informationen sei der wichtigste Aspekt ihrer täglichen Arbeit. „Getting the word out" (Dyer et al. 2002: 15) war ein Hauptthema in der Beschreibung ihres Aufgabenspektrums, was zugleich die Einseitigkeit der so vorgenommenen Kommunikationsaktivitäten nahelegt. Da das Ziel der PR also darin besteht, Informationen möglichst breit zu streuen, erfährt die Segmentierung der Stakeholdergruppen den Ergebnissen dieser Studie zufolge oft zu wenig Beachtung.

Das vom Prinzip einer zweiseitigen Kommunikation inspirierte Modell einer *Öffentlichkeitsarbeit im Dialog* findet im Instrument der Online-PR Ausdruck, die Pleil (2005: 14) bereits vor der Ära der Social Media PR als effizientes PR-Tool zur Darstellung der Ziele und der eigenen Expertise, zur Herstellung von Öffentlichkeit und Transparenz sowie zur Dialogführung mit wichtigen Stakeholdern erachtet.

Acht Jahre später ist Social Media PR fest im Kommunikationsintrumentarium der Nonprofit-PR verankert und wird, wie Lovejoy und Saxton (2012: 337) konstatieren, dank niedriger technischer Einstiegbarrieren und eines überschaubaren Kostensockels sogar intensiver genutzt als die klassische Web 1.0 Kommunikation. Eine Studie von Lubasch, Böhm und Nöll, die das Social Media Nutzungsverhalten deutscher NPOs inhaltsanalytisch fokussiert, kommt zu dem Schluss, dass Social Media PR ein fester Bestandteil der Nonprofit-PR ist, jedoch die Möglichkeiten einer Öffentlichkeitsarbeit im Dialog noch nicht vollumfassend ausschöpft (vgl. 2010: 4; siehe mehr zum Thema Social Media Nutzungszahlen von NPOs in 4.3).

2.2.3 Problemfelder der Nonprofit-PR

Eine durchgehende Kommunikation auf der Ebene des Dialogs haben die meisten NPOs folglich zwar noch nicht erreicht (vgl. Dyer et al. 2001: 15; Ingenhoff/Koelling 2010: 186; Waters/Jamal 2010: 323), dennoch knüpfen Public Relations als Mittel zu einer glaubwürdigen, authentischen Beziehungspflege und Dialogführung mit Anspruchsgruppen an das Selbstverständnis vieler NPOs an (vgl. Pleil 2005: 9). Der Mehrwert von Öffentlichkeitsarbeit zur Herstellung von Transparenz und Glaubwürdigkeit wird von vielen NPOs erkannt, was sich wie z. B. bei internationalen Organisationen wie *Greenpeace* und *Amnesty International* in einer professionellen PR niederschlägt (vgl. Krzeminski 1996: 11). Einige Nachzügler stehen der PR jedoch skeptisch gegenüber, missverstehen sie als eine Art von unzulässiger Propaganda, die NPOs nicht nötig haben, überzeugen sie doch durch das Verfolgen eines guten Zwecks (vgl. Tonnemacher 2008: 494), der ihnen a priori mediale Aufmerksamkeit beschert (vgl. Brömmling 2007: 13). Zugleich fürchten NPOs, sich durch kommunikative Transparenz angreifbar zu machen und sich steter, öffentlicher Kritik aussetzen zu müssen (vgl. Viest 2004: 18).

Das „romantisierende" (Pleil 2005: 10) Credo „Gute Taten sprechen für sich selbst" und die Annahme, dass professionelle PR auf Kosten der Glaubwürdigkeit geht (vgl. Krzeminski 1996: 7; Riemer 2004: 1) wirken sich dabei negativ auf die Wahrnehmung in der Öffentlichkeit aus, da NPOs, ob sie es wollen oder nicht, dem Wettbewerb um (mediale) Aufmerksamkeit genauso ausgesetzt sind wie andere Organisationen. Oft werden dabei die visuelle und verbale Gestaltung der

Kommunikation als Bewertungs-Maßstäbe für Seriosität und Glaubwürdigkeit beigezogen (vgl. Krzeminski 1996: 5). Diesen kommunikativen Mehraufwand, den der zunehmende Rechtfertigungsdruck notwendig macht, halten einige NPOs für kaum realisierbar, da die aktive Teilhabe an Agenda Setting, öffentlichem Dialog und gesellschaftlichen Diskursen oft an restriktiven finanziellen Budgets scheitert (vgl. Dyer et al. 2002: 17; Pleil 2005: 10).

„Unterfinanzierte Non-Profit-PR Bemühungen" (Tonnemacher 2008: 494) üben wiederum einen negativen Einfluss auf den Professionalisierungsgrad aus (vgl. Pleil 2005: 9; Brömmling 2007: 12). PR-Schaffende in NPOs sind häufig keine ausgebildeten PR-Profis, sondern MitarbeiterInnen, die diese Tätigkeiten neben ihrem offiziellen Anforderungsprofil wahrnehmen (vgl. Dyer et al. 2002: 16; Pleil 2005: 10). Gleichzeitig wird von ihnen neben einer qualitativ hochwertigen und anschaulichen Kommunikation, die die erklärungsbedürftigen Leistungen der NPO für die Allgemeinheit übersetzt, eine persönliche Identifikation mit den Organisations- und PR-Zielen erwartet. Sie gelten sozusagen als Sprachrohr einer gemeinnützigen Sache, für die man gerade als Kommunikator einstehen sollte, um glaubwürdig zu wirken (vgl. Krzeminski 1996: 5).

2.2.4 Potenziale der Nonprofit-PR

Der im direkten Vergleich zu Profit-Unternehmen schlechter abschneidende Professionalisierungsgrad wird NPOs von der Öffentlichkeit und den JournalistInnen jedoch nachgesehen, und sie genießen oft durch die ihnen per se attribuierte gemeinwohlorientierte Intention einen Vertrauensvorschuss (vgl. Pleil 2005: 9; Redelfs 2005: 250; Brömmling 2007: 25). Gemeinnützige Themen heben sich in der Informationsflut positiv ab und werden in aller Regel auch ebenso positiv aufgenommen (vgl. Krzeminski 1996: 6). Auch wenn dies nach Spendenskandalen und aufgrund des wachsenden Informierungsdrucks durch die Öffentlichkeit nicht pauschal gilt: Gemeinnützige Akteure sind in zunehmendem Maße nicht vor kritischen Nachfragen in sensiblen Bereichen wie der Mittelverwendung und dem Verbuchen von Einnahmen und Ausgaben (vgl. Pleil 2005: 9) sowie negativer Berichterstattung gefeit (vgl. Brömmling 2007: 13). Nichtsdestotrotz haben NPOs die Chance, von JournalistInnen als Gatekeeper gehört zu werden und somit Eingang in die Medien zu finden (vgl. Krzeminski 1996: 6; Redelfs 2005: 251; Tonnemacher 2008: 495). Dies wird umso wahrscheinlicher, je mehr die in Kommunikationsarbeit herauszustellende Expertise von MedienvertreterInnen als Beitrag zu öffentlichen Diskussionen nachgefragt wird (vgl. Pleil 2005: 5).

Die Tatsache, dass NPOs bei solchen Diskussionen die Metaebene, also übergeordnete Themen mit hohem „moralischen Anspruch" (Redelfs 2005: 250) wie Hilfsbereitschaft oder Bürgerengagement stärker bedienen als Wirtschaft und Politik, wirkt sich zusätzlich positiv auf den Partizipationsgrad in medialen, öffentlichen Diskursen aus. Ist der Expertenstatus in den entsprechenden Meta-Themengebieten etabliert, erwächst für NPOs nach Pleil (2005: 13) die Chance, selbst aktives Agenda Setting und Issues Management zu betreiben sowie an Entscheidungsprozessen zu partizipieren. Dabei kommt ihnen nicht selten die Rolle des Mediators zu, der zwischen verschiedenen gesellschaftlichen Gruppen oder zwischen Individuum und Staat vermittelt (vgl. Brömmling 2007: 22).

Die finanziellen und personellen Defizite müssen sie dabei durch ein „weitverzweigtes Netz der persönlichen Kommunikation" (Krzeminski 1996: 6) sowie besonderes Engagement und Kreativität in der Öffentlichkeitarbeit ausgleichen (vgl. Pleil 2005: 9). Kreativ zu kommunizieren erweist sich durch die Vielfalt der PR-relevanten Themen (vgl. Brömmling 2007: 22) als relativ leicht, da NPOs über einzelne Projekte, Aktionen, aber auch auf der Metabene über die Relevanz der von ihnen vertretenen Werte und Ziele berichten können. Tarneden (2011: 148) bezeichnet eine 1) *klare, faktenorientierte Sprache,* 2) *die Aktualität und das Timing von Themen*, 3) *die Kontinuität der Inhalte,* 4) *Verknüpfung von Emotionalität und faktenorientierter Information* sowie 5) die *Personalisierung und Visualisierung* als kommunikative Erfolgsfaktoren, die Potenziale der Nonprofit-PR durch die glaubwürdige und seriöse Vermittlung von Inhalten begünstigen und damit auf die Reputation einzahlen. Als eng mit dem Dialog zusammenhängend beurteilt er *Transparenz* als „Eckpfeiler für eine nachhaltige Kommunikation" und damit ebenso für die Reputation.

Krzeminski (1996: 10/11) ergänzt unter dem Oberbegriff *Integriertes Kommunikationsmanagement* für NPOs die Erfolgsfaktoren der Nonprofit-PR um die 1) *Abstimmung der Maßnahmen untereinander* und 2) *die Erzeugung von Erlebniswelten,* womit er die Konstruktion einer facettenreichen Erlebnissphäre um ein Produkt herum bzw. ein Leistungsversprechen meint, die eine Vermittlung „sinnfälliger emotionaler Eindrücke" ermöglicht und einen „kollektiven Mythenbestand" um ein sachliches Thema spinnt. In dem Plädoyer für eine 3) *Konsonanz zur aktuellen Medienagenda* geht er mit Tarnedens geforderter Aktualität von Themen konform.

Diese kommunikativen Erfolgsfaktoren, die als Teil eines integrierten Kommunikationsmix für alle Instrumente Geltung beanspruchen, sind im späteren Forschungsdesign der Inhaltsanalyse auf das spezifische Kommunikationsinstrument Social Media zu transferieren. So kann die Nutzung von Social Media als Kommunikationsinstrument von NPOs im Hinblick auf diese spezifischen Faktoren untersucht und beschrieben werden.

Dabei ist insgesamt zu berücksichtigen, dass die Potenziale der Nonprofit-PR gleichzeitig Ansatzpunkte und Möglichkeiten repräsentieren, um die im vorausgehenden Kapitel identifizierten Problemfelder positiv zu beeinflussen und diese im Idealfall sogar in Chancen zu verwandeln. Folgende Abbildung verdeutlicht die Relationen zwischen spezifischen Problemen, den der Nonprofit-PR inhärenten Potenzialen und den daraus ableitbaren Chancen.

Tabelle 2: Wirkungsrelationen Problemfelder: Potenziale – Chancen
Quelle: eigene Darstellung

Problem	Skepsis gegenüber PR ↓	Ressourcenmangel ↓	geringe Professionalisierung ↓
Potenzial	Transparenz durch PR ↓	gute Vernetzung und Kreativität ↓	Vertrauensvorschuss, Themenexpertise auf Meta-Ebene ↓
Chance	Glaubwürdigkeit	Kooperation und Identifikation	Mediatorenrolle und Teilnahme am Agenda Setting

Trotz der Skepsis gegenüber einer als marktwirtschaftliches Werben um Spendengelder missverstandenen PR müssen NPOs diese nutzen, um ihre nicht immer leicht verständlichen Leistungen offenzulegen und authentisch und glaubwürdig sein, um mit ihrer Kommunikation „anzukommen" (Viest 2004: 18). Gute Vernetzung und Kreativität in der Themenwahl gleichen den Ressourcenmangel aus und ermöglichen Kooperationen mit verschiedenen Anspruchsgruppen sowie erhöhte Identifikationspotenziale. Werden NPOs dabei der ihnen attribuierten Themenexpertise gerecht, eröffnen sich Chancen einer aktiven Teilnahme am Agenda Setting. Dabei ist der Aufbau von Vertrauen in den Beziehungen zu Stakeholdern durch eine gerade auf Social Media mögliche transparente und dialogorientierte PR eine zentrale Voraussetzung für den langfristigen Erfolg und die gesellschaftliche Legitimation einer NPO. PR-Ziele wie die Vermittlung von Vertrauen und Glaubwürdigkeit werden dabei durch Markenbildung (vgl. Pleil 2005: 11) im Sinne eines langfristig und strategisch ausgerichteten Reputationsmanagements erreicht.

3 Reputationsmanagement in Nonprofit-Organisationen

"It takes many good deeds to build a good reputation,
and only one bad to lose it."
(Benjamin Franklin, 1706–1790)

Reputation ist, folgt man dem Zitat von Franklin[10], ein Gut, das schwer zu erwerben, aber leicht zu verlieren ist. In einem in eine ähnliche Richtung weisenden Sinnspruch vergleicht Abraham Lincoln Reputation mit „fine china"[11], also mit Porzellan: kostbar, aber leicht zerbrechlich.

Um was handelt es sich jedoch bei jenem kostbaren und dennoch abstrakt anmutenden Mehrwert? „Um den guten Ruf" könnte eine vereinfachte Antwort auf diese Frage lauten, da „Ruf" und „Anerkennung" synonymisch zum Begriff Reputation verwendet werden können. Wissenschaftlich fundierte Definitionen zum Begriff Reputation und – in Erweiterung dazu – zu dem des Reputationsmanagements bietet Kapitel 3.1. Bei einer solchen Begriffserklärung ist es zunächst wichtig, Reputation vom nah verwandten Image abzugrenzen (3.1.1). Die daran anknüpfende Beschreibung des Reputationsbildungsprozesses leitet über in Kapitel 3.1.2, das den Ansatz eines ganzheitlichen und strategischen Reputationsmanagements erörtert.

Ein besonderer Fokus liegt im Rahmen des Forschungsinteresses dabei auf der Fixierung der Rolle und der Aufgaben der Kommunikation innerhalb eines strategisch verankerten Reputationsmanagements. Die Intention des Kapitels ist es, ein

10 Eine genau zitierbare Originaltextquelle ist für diese geflügelte Zitat nicht unter allen Vorzeichen der wissenschaftlichen Genauigkeit zu rekonstruieren, zu erwähnen ist der Verweis auf Internet Quellen wie http://thinkexist.com/quotation/it_takes_many_good_deeds_to_build_a_good/184532.html oder http://www.leadership.ac.nz/resources/quotes/.

11 Auch hier ist der Rekurs auf eine Originalquelle nicht möglich, dass das Zitat Lincoln zugeschrieben wird, belegen Internet Quellen wie cmenterprises.wordpress.com/tag/reputation-is-like-fine-china-once-broken-its-very-hard-to-repair-abraham-lincoln/ oder http://blog.cmatrix.ch/tag/reputation-management/.

Begriffsverständnis von Kommunikation als Teilaufgabe des Reputationsmanagements zu entwickeln und auf Basis dieser Synthese ein Messkonzept für den Wertschöpfungsbeitrag der Kommunikation zum Reputationsmanagement vorzustellen (3.1.3).

Von dieser basalen Festlegung zentraler Begriffe ist sodann die Brücke zum Nonprofit-Sektor zu schlagen: Welchen Stellenwert hat Reputation speziell für NPOs, wie lässt sich der Einflussfaktor Kommunikation für das Reputationsmanagement beschreiben und welche Konsequenzen sind daraus für die Nonprofit-PR zu ziehen? Kapitel 3.2 diskutiert diese im Hinblick auf die Forschungsfrage relevanten Fragestellungen und erhellt dabei die reputationsrelevanten Aufgaben der Nonprofit-PR.

3.1 Begriffserklärung Reputation und Reputationsmanagement

Ziele der Nonprofit-PR wie die Vermittlung von Vertrauen und Glaubwürdigkeit, so lautete ein Fazit von Kapitel 2, werden durch Markenbildung im Sinne eines langfristig und strategisch ausgerichteten Reputationsmanagements erreicht (vgl. Pleil 2005: 11; Schmidt 2005: 11; Gallardo 2011: 48). Vertrauen und Glaubwürdigkeit repräsentieren demzufolge zentrale Dimensionen der Reputation und Markenbildung (vgl. Wiedmann et al. 2007: 322). Reputationsmanagement korrespondiert mit Markenbildung (vgl. Schmidt 2005: 11), da es über eine reine Außendarstellung hinausgeht, und darauf abzielt, den Namen eines Unternehmens – gleich dem einer Marke – Sinn zu verleihen und um Assoziationen zu bereichern (vgl. Kotler 2004: 94).

Dabei steht nicht die Berichterstattung über Produkte und Dienstleistungen im Mittelpunkt, sondern die Verknüpfung der pragmatischen Ebene der Zielerfüllung mit Sinn stiftenden Qualitäten. Sinnstiftung konstituiert sich nach Schmidt (2005: 12) dabei nicht allein durch Kommunikation, sondern durch Handeln, das die qualitative Substanz, die positive Assoziationen auslöst, generiert: Wer über Gutes reden will, sollte demzufolge diese Worte auf konkrete Taten folgen lassen. Es geht Schmidt zufolge folglich darum, strategisch entwickelte Unternehmenswerte, die sich im unternehmerischen Handeln manifestieren, stimmig zu kommunizieren und dabei einen positiven Klang zu erzeugen, der das Unternehmen als Marke etabliert und von Mitbewerbern abgrenzt. Auch Wiedmann, Fombrun und van Riel (2007: 322) konstatieren eine enge Verbindung zwischen Reputation und dem Begriff des Markenwerts. Neben markenunabhängigen Assoziationen spielen ihnen zufolge Markenwissen und Emotionen eine zentrale Rolle, die sie in der Formel *Reputation = Wert des Markensystems + Restgröße der markenunspezifischen Einstellungen* abbilden. Als markenunspezifische Einstellungen firmieren die Assoziationen, die den zuvor zitierten positiven Klang auslösen.

Reputation ist ein mehrdimensionales theoretisches Konstrukt und konstituiert als Gesamtheit der Werturteile (vgl. Bentele 2008: 621) einen immateriellen Vermögenswert, der durch Kommunikation erzeugt wird und Unterstützungspotenziale bei verschiedenen Anspruchsgruppen auslöst (vgl. Ingenhoff 2007: 55). Die Wahrnehmungen einer Organisation und ihrer Produkte und Dienstleistungen durch Stakeholder tragen Fahrenbach (2012: 73) zufolge wesentlich zur Reputation bei. Fombrun (1996: 7) bringt die Bedeutung der Anspruchsgruppen für die Entstehung von Reputation mit der klassischen Definition "*We define a corporate reputation as the overall estimation in which a company is held by its constituents*" prägnant auf den Punkt.

Diese reputationsrelevanten Wahrnehmungen und Einschätzungen konstituieren sich aus Bewertungen, die Stakeholder auf Grundlage von Erfahrungen mit einem Unternehmen vornehmen. Wissen, das nicht auf vorhergegangenen Erfahrungen basiert, erzeugt dabei Vorstellungsbilder (vgl. Peters 2011: 47).

3.1.1 Abgrenzung des Begriffs der Reputation von Image und Prozess der Reputationsbildung

Ein solches Vorstellungsbild ist ein Image, das laut Peters (2011: 50) im Gegensatz zur Reputation volatiler und damit auch leichter zu beeinflussen ist. Zwischen Reputation und Image besteht dem Autor zufolge ein Verhältnis der Interdependenz, da Reputation als Einschätzung die durch Stakeholder gesammelten Vorstellungsbilder umfasst und auf Grundlage von Erfahrungen und vor dem Hintergrund von Ansprüchen und Erwartungen bewertet wird.

Reputation geht über das Image als Bild vom Unternehmen hinaus, da sich in ihr, wie Wiedmann und Kollegen (2007: 322) argumentieren, die in der Vergangenheit aufgebauten und für die Zukunft relevanten Unterstützungspotenziale manifestieren. In Anlehnung an diese Argumentation entsteht Reputation aus der Summe der einzelnen Images und umschreibt das Ausmaß, in dem ein Unternehmen Vertrauen, Glaubwürdigkeit, Rückhalt und Achtung für die Zukunft gewinnen konnte. Reputation ist im Gegensatz zum neutral konnotierten Image zwangsläufig eine evaluative Funktion inhärent, die normativ überformt ist und über höhere und geringere Wertschätzung urteilt (vgl. Eisenegger/Imhof, 2009: 254). Somit übertrifft Reputation als mittel- und langfristiges Konstrukt (vgl. Peters 2011: 48) das Unternehmensimage in der Wirkung. Dieser Unterschied in der Wirkungsdimension kann auf eine einprägsame Formel gebracht werden: *„Reputation = Image + bestehende Unterstützungspotenziale“* (Wiedmann et al. 2007: 322). Der *Wert des Markensystems + Restgröße der markenunspezifischen Einstellungen,* die Wiedmann, Fombrun und van Riel (2007: 322) als relevant identifizieren, fließen dabei ins das Konstrukt Image ein.

Unterstützungspotenziale, die bei Stakeholdern aktiviert werden, sind auch nach Liehr-Gobbers, Peters und Zerfaß (2009: 4) entscheidend. Darunter verstehen sie eine „handlungswirksame Komponente“ (ebd.: 15) der Reputation, operationalisiert als die Bereitschaft, ein Unternehmen unter ökonomischen oder gesellschaftspolitischen Aspekten zu unterstützen. Das Unternehmen oder im hier vorliegenden Fall die NPO fungiert dabei als Reputationsobjekt. Die generalisierte, kollektive Einschätzung dieses Reputationsobjekts basiert dabei, wie in der Definition von Peters, auf Erfahrungen, die Stakeholder direkt, aber auch indirekt über Medien und Multiplikatoren sammeln. Die Stakeholder werden damit nach der Definition der drei AutorInnen zu Reputationsgebern, die ihre Wahrnehmungen und gesammelten Erfahrungen einem Unternehmen als Reputationsträger zuweisen. Reputation wird Unternehmen damit von den Stakeholdern zugesprochen, sie können sie sich nicht selbst zuweisen (vgl. Peters 2011: 50). Als „collective phenomenon and a product of social processes“ (Emler 1990: 171) erfolgt Reputationsbildung nicht unabhängig von Anspruchsgruppen, sondern liegt sogar, wie Gibson und Kollegen

(2006: 16) zuspitzend formulieren, „im Besitz" der Öffentlichkeit. Dabei steht die einzelne Person des Stakeholders jedoch nicht für sich, sondern ist im wahrsten Sinne des Wortes Mitglied „sozialer" Netzwerke (vgl. Peters 2011: 52).

Im kommunikativen Austausch mit anderen kann der Einzelne seine Wahrnehmungen, Erfahrungen, Bewertungen und Einschätzungen mitteilen und die seiner GesprächspartnerInnen in seine Erwartungshaltung an ein Unternehmen integrieren (vgl.Abb. 3). Eigene und fremde Wahrnehmungen werden gemäß Peters (2011: 52) somit vor dem Hintergrund der Erwartungshaltung an die Leistungen eines Unternehmens zu einer Einschätzung kondensiert. Sie sind damit ein Kreislauf, in dem neue Einschätzungen das Wahrnehmungsbild kontinuierlich ergänzen und ändern (vgl. Abb. 3). Folgende Abbildung spiegelt den Kreislauf der Reputationsbildung, die einem steten Wandel unterliegt, wider.

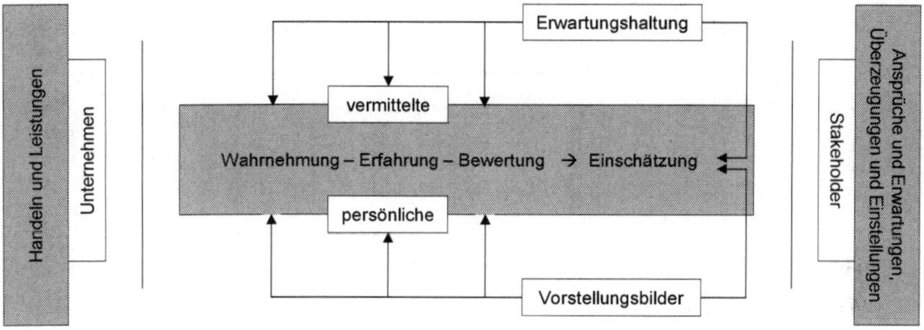

Abbildung 3: Kreislauf der Reputationsbildung
Quelle: Peters 2011: 52

Der dynamische Prozess des Austauschs zwischen Stakeholdern, das Austarieren von Eigen- und Fremdwahrnehmung bei zu leistender Überzeugungsarbeit kommt einem Dialog gleich, in dem verschiedene Stakeholder ihre Perspektiven einbringen können. Reputationsbildung erscheint als Aushandlungsprozess, der auf Kommunikation als zentralem „Austauschmechanismus" (Peters 2011: 54) beruht.

Die interaktive Qualität von Reputation, ihre Entstehung im Wahrnehmungs-und Erfahrungsaustausch sowie ihre konkrete Manifestation als Unterstützungspotenziale in Interaktionen mit dem betreffenden Reputationsobjekt, kann zusammenfassend betrachtet als distinktives Kriterium angeführt werden. Auf Basis der vorausgegangenen Definitionsdiskussion wird **Reputation** im Folgenden in Anlehnung an Wiedmann und Kollegen (2007: 322) **als langfristiges Konstrukt** verstanden, welches das bloße Image transzendiert und sich in **konkreten Unterstützungspotenzialen** manifestiert. In Bezug auf das vorliegende Forschungsobjekt NPO spielen für den weiteren Verlauf der Arbeit und für die Beantwortung der Forschungsfragen besonders die **gesellschaftspolitischen Unterstützungspotenziale** (vgl. Liehr-Gobbers/Peters/Zerfaß 2009: 15), als Ausmaß der Bereitschaft der NPO-Anspruchsgruppen sich für diese zu engagieren und die **ökonomischen Unterstützungspotenziale** als Spendenbereitschaft, eine zentrale Rolle.

Ebenso ist davon auszugehen, dass Dimensionen der Reputation wie **Vertrauen und Glaubwürdigkeit** (vgl. Wiedmann et al. 2007: 322), die ebenfalls Ziele der Nonprofit-PR (siehe 2.2.1) abbilden, eine zentrale Rolle für NPOs spielen. In diesem Kontext muss auch **der Wert der Marke bzw. die Markenbildung** berücksichtigt werden, da Markenwahrnehmungen in die Vorstellungsbilder des Images einfließen und damit langfristig auf reputationsrelevante Dimensionen wie Vertrauen und Glaubwürdigkeit ausstrahlen. Vorstellungsbilder und Erfahrungen, die Stakeholder mit einer NPO machen und Erfahrungen, die das Vertrauen in diese bzw. in diesem die Markenbindung verbessern, entstehen im direkten Kontakt mit der Organisation oder im Austausch mit anderen. Der Auffassung, dass **Kommunikation ein zentraler Mechanismus im Kreislauf** des Reputationsbildungsprozesses ist, wird deswegen gefolgt. Diese Verflechtung von Kommunikation und Reputationsbildung bildet den Anknüpfungspunkt für die Forschungsfrage, wie ein einzelnes Kommunikationsinstrument, in diesem Fall Social Media, zum Reputationsmanagement beitragen kann.

3.1.2 Ansatz des strategischen und ganzheitlichen Reputationsmanagements

Der Kommunikation kommt beim Prozess der Reputationsbildung eine zentrale Bedeutung zu und sie übernimmt auch bei der strategischen Planung und operativen Umsetzung eines systematischen Reputationsmanagements zentrale Aufgaben: Sie leistet ihren Beitrag, indem sie auf der Outcome-Ebene durch strategische Kommunikationsziele die Wahrnehmung eines Unternehmens bei den relevanten Stakeholdern zu beeinflussen versucht und damit indirekt zur Wertschöpfung beiträgt (vgl. Bentele 2008: 621; Fombrun/Low 2011: 21).Werden durch Kommunikation reputationsrelevante Unterstützungspotenziale aktiviert, die sich konkret auf der Verhaltensebene der Stakeholder manifestieren, so kann ein direkter Wertschöpfungsbeitrag auf der Outflow-Ebene konstatiert werden (vgl. Liehr-Gobbers/Peters/Zerfaß 2009: 4).

Innerhalb des Reputationsmanagements zielt Kommunikationsmanagement laut Will (1999: 1) auf eine „ganzheitliche vernetzte Darstellung der Unternehmung mit und gegenüber all ihren Anspruchsgruppen sowie eine dialogische Kommunikation zwischen Unternehmen und Anspruchsgruppen." Dennoch geht Reputationsmanagement nach Wiedmann und Kollegen (2007: 323) „weit über das Management von Imagekampagnen" hinaus und transzendiert die Ebene der operativen Kommunikationsmaßnahmen und der Dialogführung insofern, als dass eine von der Unternehmensspitze verantwortete, strategische Entwicklung von Programmen zur Förderung eines nachhaltigen hohen Unternehmenswerts im Fokus der Bemühungen steht.

Teil dieser strategischen Planung sind Wiedmann und Kollegen zufolge die Bestimmung von Vision, Ziel und Leitbild des Reputationsmanagements, die systematische Erarbeitung von Informationen über die bestehende Reputation (IST-Analyse) sowie die Analyse potenzieller Marktprognosen und deren Auswirkungen auf das Unternehmen und seine Reputation (SWOT-Analyse). Auf Basis dieser Ergebnisse empfehlen die Wissenschafter, Zielsysteme, Strategien und Maßnahmen zu planen, konkret umzusetzen und einer systematischen Kontrolle zu unterwerfen.

Auch Peters (2011: 76) definiert Reputationsmanagement als „Planung, Organisation/Umsetzung und Kontrolle/Analyse von Maßnahmen", die gezielt auf die Reputation Einfluss nehmen. Besonders im Bereich der Umsetzung von entsprechenden Kommunikationsmaßnahmen und der Erfolgskontrolle bzw. im Controlling (vgl. Wiedmann et al. 2007: 323) fungiert Unternehmenskommunikation als operatives Instrumentarium des Reputationsmanagements. Kommunikation beeinflusst die Reputation auf der Ebene der Wahrnehmung der Stakeholder und des Beziehungsaufbaus. Faktoren wie Preispolitik, Produktqualität oder soziale Verantwortungsübernahme sind jedoch genauso relevante Werttreiber der Reputation, da alle Unternehmensaktivitäten dazu geeignet sind, Reputation positiv oder negativ zu beeinflussen (vgl. Wiedman/Buxel 2004: 58). Deswegen wird Reputationsmanagement als ganzheitlicher Ansatz verstanden, der in Unternehmen in strategische und integrierte Programme eingebunden werden sollte (vgl. Fombrun/Low 2011: 20). Sie ist nicht, wie Wiedmann und Buxel (2004: 58) pointiert formulieren „eine Managementaufgabe neben anderen", sondern vielmehr ein integraler Bestandteil aller Managementbereiche. In vorliegender Arbeit kann die Ganzheitlichkeit des Reputationsmanagements als umfassende Aufgabe der strategischen Unternehmensführung aufgrund des gewählten Forschungsfokus nicht berücksichtigt werden.

Im Zentrum der Arbeit steht stattdessen die Rolle, die Kommunikation und das spezifische Kommunikationsinstrument Social Media, im Reputationsmanagement spielen, da Kommunikation ein wesentlicher Einflussfaktor auf Reputation (Peters 2011: 76; Bentele 2008: 621; Fombrun/Low 2011: 21; Aula 2011: 30) ist. In diesem Kontext versteht Will (1999: 1) Kommunikationsmanagement als Teilaufgabe des Reputationsmanagements, das auf der operativen Ebene PR inkludiert. Dieser Auffassung wird hier gefolgt, da der Begriff Kommunikation im Zusammenhang mit Reputationsmanagement Aufgaben der PR, vor allem zum Beziehungsaufbau mit Anspruchsgruppen, impliziert. In Anlehnung an Will, der Kommunikationsmanagement als prozessorientierte Ausprägung des Reputationsmanagements definiert, das auf der operativen Ebene PR als Kommunikationsinstrument integriert, wird im Folgenden **Kommunikation als Teil- bzw. Aufgabe des ganzheitlichen, strategischen Reputationsmanagements** verstanden. Reputationsmanagement bedeutet im Rahmen des gewählten Forschungsinteresses **Reputationsmanagement durch PR bzw. Social Media PR.** Eisenegger und Imhof (2009: 254) gehen sogar noch einen Schritt weiter und setzen aus einer kommunikationswissenschaftlichen Perspektive heraus, PR mit Reputationsmanagement gleich, da zum einen PR das für die Entstehung von Reputation so grundlegende Vertrauen herstellt und zum anderen Reputation als „Resultat der Differenzbetonung" (ebd.: 254) und der Leistungsfähigkeit einer Organisation auf Funktionen der PR (siehe 3.2) angewiesen ist.

Der Begriff „Management" verliert in der kommunikationswissenschaftlichen Synthese von Reputationsmanagement und PR seine genuin betriebswissenschaftliche

Bedeutung. Des Weiteren werden die Facetten des Managements als strategische Führungsaufgabe ausgeblendet. Trotzdem soll jedoch im Folgenden kurz auf die Frage nach der Messbarkeit von Reputation bzw. ihre Überführung in wirtschaftliche Kennzahlen eingegangen werden.

3.1.3 Messbarkeit und Operationalisierung des Konstrukts Reputation

Reputation zu messen gestaltet sich schwierig, da es sich um ein komplexes Konstrukt handelt, das ebenso wie Vertrauen schwer zu operationalisieren ist (vgl. Hubig/Siemoneit 2007: 175). Es ist nicht a priori erkennbar, welche Faktoren in welchen spezifischen Kontexten reputationsrelevant sind und wie diese für eine Messung in entsprechende Indikatoren überführt werden können. Dennoch liegen wissenschaftlich fundierte und standardisierte Messkonzepte vor, die das Konstrukt Reputation auf unterschiedliche Weise für empirische Erhebungen fassbar machen. Der Reputation Quotient bildet Reputation beispielsweise in sechs Dimensionen mit je 20 Einzelindikatoren bzw. Items ab (vgl. Fombrun et al. 2000; Fombrun/van Riel 2004; Wiedmann/Buxel 2004). Die gewählten Dimensionen sind *„Emotional Appeal“*, *„Products and Services“*, *„Vision and Leadership“*, *„Workplace Environment“*, *„Financial Performance“* sowie *„Social Responsibility“* (Wiedmann et al. 2007: 325) und werden in Befragungen von den relevanten Stakeholdern bewertet. Walsh und Wiedmann (2004: 308/309) erweitern diese in einer ausschließlich in Deutschland durchgeführten Befragung um vier spezifisch deutsche Teilreputationsdimensionen: *Transparenz, Sympathie, Fairness* und der *Grad der wahrgenommenen Kundenorientierung*. So vorteilhaft die Unterteilung des Konstrukts in reputationsrelevante Dimensionen ist, fehlt in diesem Messkonzept jedoch der Abgleich mit den in den Medien vermittelten Bewertungen, die Gegenstand des indirekten Erfahrungsaustausches der Stakeholder mit einem Unternehmen werden.

Ein Messkonzept, das die Reputationsdimensionen als Wahrnehmung der Stakeholder erschließt, zugleich in den Medien analysiert sowie in einem letzten Schritt künftiges Handeln abfragt und damit drei Erhebungen in seinem Instrument kombiniert, ist das Integrierte Reputationsmanagementsystem (IReMS) von Ingenhoff und Bredl. In diesem Modell konzipieren die WissenschaftlerInnen Reputation als dreifaktorielles Konstrukt, das *affektive, soziale* und *kognitive* Komponenten enthält (vgl. 2010: 242). Da es Reputation als „aggregierte Wahrnehmung" multipler Stakeholder gegenüber einer Organisation operationalisiert und sich damit auf die Ebene bezieht, die durch Kommunikation beeinflusst werden kann (siehe Kapitel 3.1.2), soll das IReMS im Folgenden kurz vorgestellt werden. Ausgangspunkt ist zunächst die Untergliederung des Konstrukts Reputation in eine *funktionale, soziale* und *expressive* Reputation. Die ersten beiden spiegeln nach Ingenhoff und Bredl (2010: 242) die kognitive Ebene der Reputation wider und umfassen zum einen die Bewertung der Kompetenz und Leistung einer Organisation *(funktionale Reputation),* zum anderen die Bewertung ihrer Integrität und Bereitschaft zur Verantwortungsübernahme (*soziale Reputation).* Affektive, emotionale Faktoren wie die Sympathie und das Vertrauen, das man einem Unternehmen entgegenbringt, gehen in die *expressive Reputation* mit ein. Reputation ist damit nach Ingenhoff und Bredl definiert als Synthese aus den Wahrnehmungen und Einstellungen der zentralen Stakeholder gegenüber einer Organisation, die sich in den folgenden drei Faktorenebenen manifestiert:

a) funktional-kognitive Kompetenzfaktoren,
b) sozial-kognitive Faktoren der Integrität,
c) expressiv-affektive Faktoren der Sympathie.

Das IReMS, das einen Überblick über bedeutsame Wirkungszusammenhänge ermöglicht und Werttreiber der Reputation bei unterschiedlichen Stakeholdern identifiziert, trägt dazu bei, Kommunikationsmaßnahmen zielgruppenspezifisch und effizient zu planen sowie in ihrer Umsetzung aufeinander abzustimmen und zu priorisieren (vgl. Ingenhoff 2007: 61/62). So wird Reputationsmanagement zu dem in 3.1.2 beschriebenen strategischen und ganzheitlichen Ansatz, der spezifische Erwartungen bestimmter Anspruchsgruppen mit unterschiedlichen medialen Gewohnheiten untersucht und für die operative Gestaltung nutzbar macht.

Durch die Rückbindung an die übergeordnete Unternehmensstrategie im Rahmen eines integrierten Reputationsmanagements, eine Evaluation der Kommunikation und ein längerfristiges Monitoring entwickelt sich Reputation vom intangiblen Vermögenswert zum „tangible economic value" (Fombrun/Low 2011: 18) und damit zu einem wettbewerbsentscheidenden Faktor:

"In this acutely competitive environment, where knowledge is capital, perceptions matter more than ever – and so have become the new battlefields on which companies and stakeholders are waging war."

3.2 Kommunikation als Einflussfaktor im Reputationswettbewerb – Aufgaben der Nonprofit-PR für das Reputationsmanagement

Die Metapher der Reputation als Basis für „Schlachten", die Unternehmen um die Aufmerksamkeit und Unterstützungspotenziale ihrer Stakeholder austragen, mutet zwar auf den ersten Blick als stark affektive Bildsprache an, ist jedoch im Kern ihrer Aussage zutreffend: In der Zeit eines konstant herrschenden Wettbewerbsdrucks besteht ein primäres Ziel von Unternehmen darin, Vorteile gegenüber den Mitbewerbern zu erreichen. Ist dieses Potenzial jedoch ausgeschöpft, weil technisch Leistungsmerkmale immer vergleichbarer werden, verlagert sich das eigentliche Wettbewerbsfeld vom Produktwettbewerb über den Problemlösungswettbewerb hin zum Reputationswettbewerb (vgl. Buß 2007: 230).

Reputation wird damit zum „wichtigsten Differenzierungskriterium" (Ingenhoff 2007: 55; Liehr-Gobbers/Peters/Zerfaß 2009: 4) und Wettbewerbsfaktor, der über den langfristigen Erfolg eines Unternehmens entscheidet. Nicht umsonst fällt den Ergebnissen einer Studie von Wiedmann und Buxel (2004: 51) zufolge der Anteil stark reputationsorientierter Firmen im Segment der erfolgreichen Unternehmen um 25 Prozent höher aus als der Anteil reputationsorientierter Unternehmen in den weniger erfolgreichen Segmenten der Leistungsskala. Ein gutes Abschneiden im Reputationswettbewerb korreliert demzufolge auch mit langfristigem finanziellem Erfolg. An einem Produktwettbewerb, der auf dem erwerbswirtschaftlichen Prinzip Angebot und Nachfrage beruht sowie konkrete finanzielle Vergütungen erforderlich macht, partizipieren NPOs als bedarfswirtschaftliche Organisationen nur bedingt. Zwar konkurrieren sie folglich nicht primär um finanzielles Kapital, jedoch um soziales Kapital, das durch die Beziehungen zu ihren Anspruchsgruppen entsteht (vgl. Reiser 2009: 2) und im Wesentlichen auf dem immateriellen Vermögenswert Reputation beruht.

Wie Kommunikation als Einflussfaktor in diesem Reputationswettbewerb fungiert und wie NPOs PR zum Beziehungsaufbau mit relevanten Bezugsgruppen und damit als soziales Kapital für ihre Reputation und ihr Reputationsmanagement nutzbar machen können, wird im Folgenden erläutert.

3.2.1 Thematische Positionierung durch PR

Im Rahmen der voranschreitenden Globalisierung einerseits sowie der zunehmenden Digitalisierung andererseits erscheinen Interaktionen zwischen Unternehmen und ihrer Umwelt zunehmend „entbettet" und „gesichtslos" (Buß 2007: 230). Reputation kann hingegen nur dann entstehen, wenn abstrakte Organisationen ein Gesicht bekommen. Dies gilt nicht nur für die Ebene der NPO als Handlungsträger, sondern auch für die Formulierung von Kommunikationsbotschaften und Positionierungszielen: Abstraktion und Austauschbarkeit erschweren nach Buß die Herausbildung eines unverwechselbaren Differenzierungspotenzials.

Diese Problematik beschreibt die Aufgabe einer NPO, durch PR eindeutige „positional advantages" (Aula 2011: 30) zu generieren und sich dabei mithilfe der Alleinstellungsmerkmale klar von Mitbewerbern abzugrenzen. Die Kompetenz, unter vielen anderen positiv herauszustechen, wird in der zunehmenden Konkurrenz um das knappe Gut der Aufmerksamkeit potenzieller Rezipienten immer wichtiger: Mit dem Aufbau einer Reputation, die ein scharf umrissenes Profil der Themen, Leistungen und Werte einer NPO transportiert, steigt nach Buß (2007: 231) die Chance, die Aufmerksamkeitsschwellen der Zielgruppe zu überwinden und in der Informationsflut als wichtiger Absender selektiert zu werden.

Diese Chancen werden umso besser, je mehr Unternehmen soziale und moralische Wertmaßstäbe in ihren Entscheidungskontext integrieren, da die Öffentlichkeit von Unternehmen in den letzten Jahren zunehmend ein wertebezogenes Engagement, ein eindeutiges Bekenntnis zu einer verantwortungsbewussten und nachhaltigen Geschäftsphilosophie sowie eine „Integration von Loyalitätsgesten" (Buß 2007: 231) in ihr Handeln und ihre Kommunikation erwartet. Eine sichtbare Verpflichtung auf ethische Grundätze ist unumgänglich mit dem Attribut einer „guten" Reputation verflochten (vgl. Gibson et al. 2006: 16). Das „Gute", das gesellschaftlich erwünscht ist, vertreten NPOs in höchst eigener Sache, was ihnen einen Vorsprung im Reputationswettbewerb einbringt: Wenn sie diesen nutzen, um Aufmerksamkeitsschwellen zu überwinden und eine mediale Präsenz für eine transparente Kommunikation über Ziele und Projekte etablieren, ist ein wesentlicher Schritt auf dem Weg zur Reputationsbildung getan.

Dass es NPOs gelingen sollte, in der medialen Berichterstattung die Ebene der Zielerfüllung mit sinnstiftenden Werten und Themen zu verknüpfen, darf als weiterer Vorteil gelten. Die qualitative Substanz, die Schmidt (2005: 12) als konstitutiv für den Aufbau einer positiven Reputation erachtet, ist NPOs von jeher zu eigen. Sie qualifiziert die NPOs dazu, auch die anderen gesellschaftlichen Erwartungen an eine Unternehmensreputation im Zeitalter des globalisierten Wettbewerbs und der zunehmenden Vergleich- und Austauschbarkeit auf der Produkt- und Leistungsebene zu erfüllen. Diese Erwartungen sind einerseits eine Identifikation mit ihren Themen und Zielen und andererseits eine Identifizierbarkeit durch ein klar umrissenes Profil und eine eindeutige „*Reputation as positions*" (Aula 2007: 30). An die Spezifika der Nonprofit-PR Vertrauensvorschuss, Sinnstiftung und Wertebindung anknüpfend, bedeutet Reputationsmanagement in NPOs vor allem, diese kommunikativen Mehrwerte durch entsprechende Inhalte nach außen zu vermitteln und durch konsequent daran ausgerichtetes Handeln praktisch einzulösen.

Dass PR als Aufgabe des Reputationsmanagement in NPOs eine zentrale und teilweise noch entscheidendere Rolle als in Profit-Unternehmen spielt, ist nach Scheuch (2007: 261) damit zu begründen, dass sich NPOs zumeist primär durch Inhalte, Leistungsideen und -versprechen, jedoch nicht oder nur sekundär durch konkrete Produkte und Leistungen mit wirtschaftlichem Gegenwert auszeichnen. Reputationsmanagement auf der kommunikativen Ebene ist demzufolge für NPOs zentral, da sie in besonderem Maße die *sozial-kognitiv* und *affektive-expressive* Dimension (siehe Kapitel 3.1.3) der Reputation bedienen, also Mehrwerte, die nicht – wie beispielweise Produkte oder ein ausgefeiltes Serviceportfolio – einfach verständlich und greifbar sind, sondern intransparent und erst in Kommunikation über Handlungen und Ziele sichtbar werden. Als „Akteure mit einem normativen Wertbezug" (Eisenegger/Imhof 2009: 249) sind für NPOs Integrität, Sozialverantwortlichkeit, Legalität und Legitimität als Indikatoren der *sozialen* Reputation von besonderer Bedeutung.

Den emotionalen Mehrwert, den Nonprofit-PR als *affektiv-expressive* Reputationsdimension transparent macht, sieht Tarneden (2010: 147), Sprecher der *Unicef* Deutschland, in der Vermittlung von Sympathie und Faszination. Dies sind Werte, die sich nach Ingenhoff (2007: 57/59) positiv auf die Entstehung von Vertrauen und damit auf den Beziehungsaufbau auswirken. Beziehungen sind ihrerseits wiederum das soziale Kapital (vgl. Reiser 2009: 2), das den immateriellen Vermögenswert von Reputation im Wesentlichen ausmacht.

3.2.2 Beziehungsaufbau durch PR

Soziale, *affektive* oder auch *kognitive* Kompetenzfaktoren sichtbar machen und damit Reputation aufbauen, können NPOs – wie klassische Unternehmen – laut Peters (2011: 65) durch das Betreiben eines Blogs, eines Twitter-Kanals und anderen Kommunikationsaktivitäten inner- oder außerhalb des Social Webs. Durch Kommunikation wird Reputation steuer- und beeinflussbar, da ihr nach Aula (2011: 30) a priori eine kommunikative Dimension inhärent ist: Sie ist etwas über das gesprochen, diskutiert, und auf das Bezug genommen wird. Als soziales Kapital einer Organisation wird sie dem finnischen Wissenschaftler zufolge als *„Reputation as relationships"* einerseits in der Beziehungspflege mit relevanten Anspruchsgruppen durch vertrauensstiftende PR manifest, andererseits als *„Reputation as symbolic capital"* in den übergeordneten Bedeutungen, die diese mit ihr assoziieren. Sie entsteht damit auch durch Konstruktion von emotionalen Erlebniswelten, die Krzeminski (1996: 11) als Erfolgsfaktor für Nonprofit-PR bezeichnet und die Aula (2011: 30) als Teil der Geschichten- und Mythenbildung rund um die Organisation herum beschreibt:

> *"An organization's reputation is built on the stories formed by stakeholders and spread within networks and other shared meanings."*

Dieser narrative Charakter der Reputation ermögliche es, so Aula weiter, Interpretationen und Eigenschaftsattributionen der Anspruchsgruppen durch einen wechselseitigen Aushandlungsprozess der Deutungszuweisung zu beeinflussen, der die Perspektiven aller Gesprächspartner mit einbezieht. Dialogische PR übe einen positiven Einfluss auf die Beziehungen zum Organisationsumfeld und damit langfristig auf die Reputation aus, denn letztere könne auch als das Ergebnis einer kontinuierlichen und gelungenen Beziehungspflege verstanden werden.

Kommunikation und Reputation sind damit „zwei Seiten einer Medaille“ (Will 1997:5).Reputation ist der Zustand, der durch PR als Beziehungsaufbau und -pflege mit den Anspruchsgruppen erreicht wird. Basis gelungener Beziehungen zu Anspruchsgruppen ist wiederum das Vertrauen, das sie einer Organisation entgegenbringen. So gesehen sind auch Reputation und Vertrauen zwei Seiten einer Medaille (vgl. Niederhäuser/Rosenberger 2011: 29): Vertrauen kann damit als eine positive Interaktion zwischen Individuen verstanden werden, die Reputation als Ergebnis evoziert und dazu beiträgt, die vertrauenswürdigen Individuen auch in Zukunft für Interaktionen zu präferieren (vgl. Pujol 2006: 21).

3.2.3 Transparenz und Vertrauensbildung durch PR

Dieses Vertrauen basiert auf Zuverlässigkeit und vor allem auf Transparenz in Handlungs-und Entscheidungskontexten. Kommunikative Transparenz postulieren Bentele und Seidenglanz (2008: 355) neben Sach- und Problemlösungskompetenz, Kommunikationsadäquatheit, kommunikativer Konsistenz, gesellschaftlicher Verantwortung und Verantwortungsethik als Voraussetzungen für Vertrauen. Ingenhoff (2007: 56) erweitert diese Aufzählung um die emotionalen Komponenten Sympathie und Faszination, die sie als „Vermittlervariablen“ zur Entstehung von Vertrauen bezeichnet. Eine weitere dieser Vermittlervariablen ist Glaubwürdigkeit, die Redelfs als „Einheit von Reden und Handeln“ (2005: 253) ansieht.

Somit entsteht Vertrauen auch durch das Erfüllen von „Erwartungen in die Kontinuität von Handlungen, Entscheidungen und Verhalten einer Organisation beziehungsweise einer Bezugsgruppe in sachlicher, zeitlicher und sozialer Dimension“ (Szyszka 2009: 141). Durch die Annahme, dass Handlungen in der Zukunft so sein werden, wie man sie in der Vergangenheit erlebt hat, kommt Vertrauen nach Luhmann (2000: 27) eine komplexitätsreduzierende Funktion zu. Da aber ein Rest an Kontingenzen und Unsicherheiten unauflösbar bestehen bleibt, wird Vertrauen ihm zufolge zu einer „riskanten Vorleistung“, d. h., eine „partielle Intransparenz“ (Jansen 2010: 29) wird aufgrund des Unvermögens, alles kontrollieren und intervenierende Faktoren vorab erkennen zu können, tolerierbar. Dennoch ist und bleibt Transparenz nach Klenk und Hanke (2009: 64) essenziell, um „Vertrauenskapital aufzubauen und darüber eine gewünschte Reputation für eine Marke oder ein Unternehmen zu erreichen". Wie wichtig insbesondere Transparenz für die Bildung einer positiven Reputation in Deutschland ist, erhellt die bereits zitierte Studie von Walsh und Wiedmann (2004), die Transparenz als speziell für Deutschland relevante Reputationsdimension ermittelt.

Dies gilt umso mehr für NPOs, da sie in besonderem Maße zur Transparenz verpflichtet sind (siehe Kapitel 2.1) und aufgrund der Intention, das ihnen entgegengebrachte Vertrauen nicht zu enttäuschen, ein hohes Eigeninteresse an Transparenz (vgl. Stehr/Wallner 2010: 14) haben. Diese trägt dazu bei, Glaubwürdigkeit und Vertrauen aufzubauen bzw. aufrechtzuerhalten sowie die Akzeptanz und damit verbunden die öffentliche Legitimität zu fördern (vgl. Röttger et al. 2011: 30). Den kausalen Zusammenhang zwischen den durch Kommunikation beeinflussbaren Faktoren *Transparenz, Vertrauen, Akzeptanz* und *Reputation* und deren langfristigen Beitrag zum Unternehmenserfolg spiegelt die folgende, stark vereinfachte Abbildung wider.

Abbildung 4: Kausalkette Transparenz –Reputation
Quelle: Klenk/Hanke 2009: 64

Transparenz durch umfassende Aufdeckung organisationaler Ziele, Interessen und vor allem durch nachvollziehbare Aufklärung über die Verwendung von Spendengeldern ist demzufolge für NPOs zentral. Den Prozess der steten Kompromissfindung zwischen dem, was eine Organisation in gesundem Eigeninteresse für sich behalten muss und was sie preisgeben darf, bezeichnet Szyzska als Transparenzmanagement (2004: 158), das er mit den Anforderungen an die PR-Arbeit gleichsetzt. In der steten, kommunikativen, im Idealfall dialogischen Aushandlung von organisationalen und Stakeholder-Interessen entsteht Vertrauen und als Teilphänomen dieses Vertrauens Glaubwürdigkeit (vgl. Bentele/Seidenglanz 2008: 346/347). Vertrauen und Glaubwürdigkeit unterstützen die positive Bewertung von Aussagen, Handlungen und Einstellungen (vgl. Ruhrmann 2008: 530) und damit die Akzeptanz (vgl. Abb. 4). Für NPOs ist dabei besonders die moralische Akzeptanz ihrer ideellen Zielsetzungen, Arbeitsweisen und Leistungen entscheidend (vgl. Theuvsen/Frentrup 2008: 135). Akzeptanz meint hier zunächst die indirekte, positive Billigung von Handlungsweisen, die nicht alle per se gerechtfertigt werden müssen, da die Mechanismen des zuvor aufgebauten Vertrauens hier greifen (vgl. Röttger et al. 2011: 131) und dieser Vertrauensvorschuss auch nicht überprüfte Handlungen und Entscheidungen als legitim anerkennt.

Akzeptanz als wohlwollende, positive Bewertung organisationalen Handelns aufgrund zuvor gemachter positiver Erfahrungen hat einen direkten Einfluss auf die Reputation (vgl. Abb. 4). Übersteigt Akzeptanz die passive Ebene der wohlwollenden Billigung und verwandelt sich in ein aktives Engagement für die jeweilige NPO, so werden in einem noch stärkeren Maße jene Unterstützungspotenziale freigesetzt, die Reputation in ihrem Kern ausmachen. Wenn eine auf den Werten Transparenz, Vertrauen und Akzeptanz aufbauende Nonprofit-PR bei den Stakeholdern in letzter Konsequenz eine positive, wechselseitige Kommunikation *mit* der Organisation und *über* sie in anderen sozialen Netzwerken auslöst, schließt sich der Kreislauf einer Reputationsbildung durch den Einflussfaktor Kommunikation.

4 Social Media PR und Reputation

„Man redet im Netz über Sie. Mit Ihnen oder ohne Sie.“[12]
(Thomas Kemp – Social Media-BWG e. V.)

Im Netz zu reden und parallel dazu Informationen und Erfahrungen auszutauschen, ist mittlerweile für knapp eine Milliarde Menschen zur täglichen Aktivität geworden (vgl. Eck 2010: 14). Auf der vielfältigen Themenagenda stehen dabei auch Unternehmen sowie ihre Produkte und Leistungen. In der neuen „Öffentlichkeits- und Bewertungskultur“ (ebd.: 13) teilen Internet-User ihre Wahrnehmung eines Unternehmens über soziale Netzwerke: Sie rezensieren Hotelunterkünfte, geben ihrem Arbeitgeber Noten oder nutzen Blogs und Webforen, um ihre Meinung über einen spezifischen Sachverhalt zu äußern. Reputation entsteht damit als Summe von Einzelerwartungen und -erfahrungen auf Basis dieser Bewertungen im Netz (vgl. ebd.: 21). Von Unternehmen wird deswegen zunehmend erwartet, dass sie aktiv an den Diskussionen im Netz partizipieren und Präsenz zeigen – ein „ohne sie“ ist vor dem Hintergrund eines strategischen, ganzheitlichen Reputationsmanagements, das auch die neuen Kommunikationskanäle in das Konzept der Beeinflussung der Wahrnehmung relevanter Stakeholder integriert, keine Option mehr.

Zur erfolgreichen Einbindung von Social Media PR[13] ins Reputationsmanagement ist es jedoch notwendig, die Spezifika der Kommunikationsprozesse auf Social Media zu kennen (4.1) sowie die Reputationsbildung auf Social Media (4.2.1) und die ihr inhärenten Risiken und Chancen (4.2.2) zu reflektieren. Die folgenden Kapitel bieten einen Überblick über die Nutzung von Social Media in NPOs (4.3) und stel-

12 Zitat auf S. 77 in Pleil, Thomas und studentisches Team (2010): *Mehr Wert schaffen. Social Media in der B2B-Kommunikation,* Darmstadt: Profilwerkstatt.

13 Da im Vorherigen PR als operatives Instrumentarium für den Beitrag der Kommunikation zum Reputationsmanagement verstanden wird, wird in Analogie dazu Social Media PR – Teilaufgabe der Beziehungspflege mit Anspruchsgruppen im Zeitalter sozialer Netzwerke – als Kommunikationsinstrument des Reputationsmanagements verstanden. Für den konkreten Beitrag von Social Media zum Beziehungsaufbau mit Anspruchsgruppen wird der Terminus Social Media PR verwendet, für die Beschreibung der Veränderung von Kommunikations-und Reputationsbildungsprozessen durch Social Media Spezifika wird hingegen den Begriff Social Media Kommunikation präferiert.

len die Entwicklung einer Social Media Strategie für das Reputationsmanagement (4.4) sowie reputationsrelevante Social Media Anwendungen (4.5) vor.

4.1 Interaktivität und Dialog – Spezifika der Social Media PR

Ein diffuses Begriffsverständnis (vgl. Iltgen/Künzler 2008: 239), das Social Media nicht immer trennscharf definiert, hat der Popularität der zugehörigen Begrifflichkeiten keinen Abbruch getan. Im Gegenteil: Social Media, Social Web und ebenso Web 2.0 scheinen sozusagen in aller Munde zu sein. Als Schöpfer letzterer Wortkreation gilt Tim O'Reilly, der Web 2.0 als „nächste Generation des Internets" (2006: 4) und ein Medium definiert, das sich durch „Partizipation, Offenheit und Netzwerk Effekte" (ebd.) charakterisiert und dadurch sukzessive zum „Social" Web avanciert: InternetuserInnen nutzen das „Mitmachnetz" zur aktiven, eigenständigen Gestaltung von Inhalten, vor allem aber zur Unterstützung sozialer Strukturen und Interaktion (vgl. Ebersbach/Glaser/Heigl 2011: 32; Werner 2012: 225), die durch Social Media stattfindet. Social Media basieren auf den Web 2.0 Technologien und sind nach Hilker (2010: 11) „Plattformen zum gegenseitigen Austausch von Meinungen, Eindrücken und Erfahrungen", also Applikationen, zu denen soziale Netzwerke (*Facebook*, *Twitter*, *Xing* etc.), Blogs, virtuelle Welten, Online- und Video-Zusammenarbeit (z. B. Podcasts), im weitesten Sinne User generated content, zählen.[14]

14 Aus forschungspragmatischen Gründen wird im Weiteren auf eine noch umfassendere Begriffsdefinition sowie eine detaillierte Beschreibung spezifischer Funktionsmechanismen und einzelner Anwendungen bzw. Plattformen bewusst verzichtet, liegt doch der Fokus des Erkenntnisinteresses auf den Potenzialen von Social Media als Kommunikationsinstrument für das Reputationsmanagement und nicht auf der Frage, wie Social Media funktionieren und welche Nutzungstypologien vorliegen. Wenn Pleil und Kollegen (2010b: 12) konstatieren, die Diskussion über Social Media Kommunikation habe beispielsweise im B2B „erst" verspätet im Jahr 2009 begonnen, so ist der wissenschaftliche Diskurs über Social Media vergleichsweise früh anzusetzen (vgl. Barnes/Mattson 2008). Ein hinreichend langer Zeitraum dezidierter wissenschaftlicher Auseinandersetzung, der eine erneute Definitionsdiskussion und eine thematische Einführung, die angesichts der Neuartigkeit des Kommunikationsinstruments für ältere Studien gerechtfertigt war, für diese Arbeit als nicht zielführend erscheinen lässt.

Social Media Anwendungen werden dem Attribut „sozial" insofern gerecht, da sie es Nutzern ermöglichen, selbst Inhalte zu schaffen und sich darüber mit anderen auszutauschen und zu diskutieren. Die Option, in diesen Interaktionen über die Kommunikation hinaus selbst aktiv zu werden und in das Geschehen einzugreifen ist unter dem Begriff der *Interaktivität* subsummierbar. Interaktivität manifestiert sich Schindler und Liller (2011: 12/13) zufolge auf Social Media beispielweise in Spielen und Flash-Animationen, personalisierbaren Videos und in den sozialen Netzwerken, die nutzerorientierte Vorschläge für Freunde, Themen oder Seiten anbieten.

Neu sind diese Definitionen für die Ausprägungen von Interaktivität in der Kommunikationsstruktur jedoch nicht, untersuchten doch bereits Ha und James 1998 die Faktoren für Interaktivität auf den Business-Homepages der Generation Web 1.0. Über die rein technische Definition von Interaktivität als partizipative Kommunikationsanwendungen im Internet hinausgehend, verstehen sie diese als reziproke, kommunikative Bedürfnisaushandlung und als *„the extent to which the communicator and the audience respond to each others communication need"* (1998: 457). Die Definition von Interaktion als reziproke Kommunikation erscheint dabei als Vorausgriff auf die rund zehn Jahre später zu konstatierende Transformation des Dialogs mit Zielgruppen durch Social Media (vgl. Eck 2010: 10; Hoffmann 2011: 27). Im „Mitmachweb" finden Interaktivität und Austausch eine noch stärkere Ausprägung als sie Ha und James für das klassische Web konstatieren, da mannigfache Möglichkeiten zur Partizipation offeriert werden. Ob und inwiefern die den Social Media Applikationen inhärente Interaktivität zur Interaktion und Partizipation genutzt wird, untersucht eine Studie von Busemann und Gscheidle aus dem Jahr 2011, die sich auf die Nutzungsfrequenz einzelner Social Web Angebote nach Alter und Geschlecht konzentriert.

Tabelle 3: Nutzungsfrequenz von spezifischen Social Media Angeboten
Quelle: Busemann/Gscheidle 2011: 10

	Informationen abgerufen (in Prozent)	etwas eingestellt/ verfasst (in Prozent)	beides (in Prozent)
Wikipedia	97	1	2
Weblogs	39	20	41
Videoportale	93	1	6
Fotocommunities	65	10	25
Twitter	58	42	0

Aus den Ergebnissen ist abzulesen, dass die Strahlkraft der privaten Communities, sprich der sozialen Netzwerke, die der anderen Social Media Anwendungen in Bezug auf Interaktions- und Partizipationsgrad überlagert. Mit 42 Prozent an Nutzern, die selbst etwas einstellen oder verfassen, schneidet der Kurznachrichtendienst *Twitter* in Sachen Nutzeraktivität am besten ab (vgl. Tab.2). Dies bestätigen die Ergebnisse einer *BITKOM* Studie (2011), nach der 76 Prozent der Internetnutzer mindestens in einem sozialen Netzwerk angemeldet und von diesen 73 Prozent aktive Nutzer sind.

Dass die Beteiligung an anderen Web-2.0-Angeboten der *Media Perspektiven* Studie zufolge insgesamt auf einem eher geringen Partizipations-Niveau verbleibt, entspricht der so genannten 90-9-1 Regel nach Nielsen: Von 100 Personen im Web produziert nur eine Inhalte, neun interagieren mit diesen, während 90 nur konsumieren. Im Jahr 2009 ergänzt Nielsen diese Regel für Spenden sammelnde NPOs und konstatiert ein Verhältnis von 99,3 Prozent an Beobachtern zu 0,7 Prozent an aktiven SpenderInnen: Dies führt er sowohl auf die höhere Motivationsbarriere zurück, aktiv im Sinne einer finanziellen Zuwendung zu werden, als auch auf Informationsdefizite der Internet-Auftritte. Die Realität der Interaktivität läuft vielmehr so ab, dass so genannte *Opinion Exchangers* miteinander kommunizieren und damit – zunächst monologisch – die *Opinion Askers* informieren (vgl. Peters 2011: 131). Aber gerade diese schweigende Masse der passiven Nutzer kann relevant werden, denn sie beobachtet, wie sich Unternehmen online präsentieren, ob sie „werthaltig und sinnstiftend“ (Wohlfahrt 2010: 132) kommunizieren und entscheidet auf Basis dieser Eindrücke, welche Wahrnehmungen sie an ihre – realen und virtuellen – Netzwerke weiterleiten (vgl. Peters 2011: 142). So entwickelt sich die Kommunikation auf Social Media in Anlehnung an die PR-Modelle von Grunig und Hunt von einer asymmetrischen zu einer symmetrischen, die One-to-Many-Kommunikation wird durch die Many-to-Many-Kommunikation abgelöst (vgl. Kilian et al. 2008: 9; Pfannenberg 2011: 8). Smith (2010: 330) spricht in diesem Zusammenhang sogar von einer „distributed public relations", von einer Verlagerung der PR-Funktion von professionellen PR-PraktikerInnen auf die Zielpublika, die zunehmend die Chance haben, als VertreterInnen ihrer eigenen Interessen oder nicht-professionelle Sprachrohre eines Unternehmens aufzutreten.

Die Ansprache und Einbeziehung unbegrenzt vieler, disperser Zielpublika bei gleichzeitiger Möglichkeit, innerhalb dieser Masse persönliche Dialoge zu führen, in deren Verlauf bisher anonyme Empfänger selbst zum Sender avancieren, subsummiert Peters (2011: 111) unter dem Terminus *„Interpersonale Massenkommunikation"*. Dieser Begriff repräsentiert ihm zufolge den Brückenschlag zwischen größtmöglicher Reichweite auf der einen und bestmöglicher Individualisierung auf der anderen Seite – aus einer Vielzahl von Empfängern findet jeder Gehör und kann am Dialog teilnehmen (vgl. Hoffmann 2011: 21).

Eben jener im Kontext der Spezifika der Social Media Kommunikation oft zitierte Dialog ist es, der die Dynamik auf Social Media gleichsam voraussetzt und bedingt. Schindler und Liller (2011: 10) verstehen ihn als organisationale Stellungnahme in Online-Gesprächen mit Stakeholdern, während ihn Rybalko und Seltzer (2010: 337) in Anlehnung an Kent und Taylor (1998) als transparente Kommunikation mit Frage- und Feedbackmechanismen konzipieren. Alle Beteiligten können den Kommunikationsprozess beeinflussen und dem jeweiligen Unternehmen obliegt es nicht mehr, zu kontrollieren, was und wie etwas gesagt wird. Dialog bedeutet damit auch, mit unvorhersehbaren Ergebnissen rechnen zu müssen (vgl. Avenarius 2000: 90; Belz 2008: 26; Theunissen/Noordin 2012: 11).

So steht vielmehr der Prozess des Beziehungsaufbaus und der Beziehungserhaltung im Fokus, der dadurch erreicht wird, dass am Ende „mutually satisfying positions" (Kent/Taylor 1998: 325) ausgehandelt werden. Trotz oder gerade wegen einer partiellen Unvereinbarkeit dieser Positionen stiftet der Dialog Verständnis und Akzeptanz für etwaige Differenzen: Es geht weder um objektiv bestmögliche Ergebnisse noch um subjektive Gefühlslagen, sondern um eine Annäherung durch intersubjektive Verständigung (vgl. ebd.). Der Dialog ist ein Weg zur Beziehungsstabilisierung, aber um den Preis von gegenseitigen Konzessionen, da er keine Überzeugung durch den stärkeren Kommunikationspartner verfolgt, sondern ein „kommunikatives Geben und Nehmen" (ebd.) darstellt. In diesem ist es Anspruchsgruppen möglich, ihre Positionen zu vertreten und Meinungen frei zu äußern.

4.2 Reputationsbildung auf Social Media

Seine Meinung frei zu äußern, mit anderen zu teilen oder in der Diskussion mit anderen eine Meinung zu bilden, steht jedem Individuum in der Social Media Sphäre offen (vgl. Pleil 2010a: 5; Peters 2011: 114). Als Sphäre, in der reputationsrelevante Diskussionen und Bedeutungszuweisungen entstehen bzw. weitergegeben werden (vgl. Aula 2011: 28), kommt Social Media im Prozess der Reputationsbildung eine zentrale Bedeutung zu. Durch Kommunikation in Blogs, Diskussionsforen, Microblogs und auf Netzwerkplattformen entstehen „Mikroöffentlichkeiten", die gemeinsam einen vormedialen Raum bilden (vgl. Pleil 2010a: 12).

4.2.1 Reputationsbildungsprozess im vormedialen Raum

In diesen Raum hinein verlagert sich der Meinungs-und Reputationsbildungsprozess (vgl. Pleil 2011: 236). Durch massenmediale Berichterstattung gelangen die Beobachtungen sowie Inhalte aus dem vormedialen Raum in die allgemeine Medienöffentlichkeit. Netzdiskussionen erhalten damit eine „Framing-Funktion" (Pleil/Rehn 2010: 61), da individuelle Einschätzungen zu zuvor in der Mikroöffentlichkeit diskutierten Themen oder Wahrnehmungen über Unternehmen und deren Leistungen die kollektive Einschätzung einer größeren Öffentlichkeit beeinflussen können (vgl. Peters 2011: 115). Da umgekehrt die massenmediale Themenagenda ihrerseits wieder Eingang in den vormedialen Raum findet und dort erneut Diskussionsgegenstand wird, vollzieht sich Meinungs- und damit auch Reputationsbildung, die sich aus direkten und indirekten individuellen Erfahrungen sowie aus den mit anderen geteilten Wahrnehmungen konstituiert, als reziproker

Prozess des Agenda Settings und Diskurses zwischen vormedialen und medialen Diskussionssphären. Dieses „Kräfteverhältnis" zwischen Massenmedien, Stakeholdern und den Einzelmeinungen Dritter im Meinungs- bzw. Reputationsbildungsprozess beschreibt Peters (2011: 114) als interdependenten Vorgang:

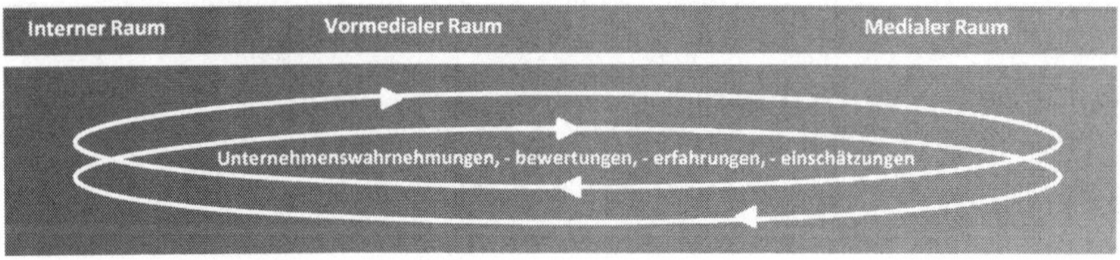

Abbildung 5: Interdependenz der Reputation im medialen und vormedialen Raum
Quelle: Peters 2011: 116

Als weitere Quelle für Inhalte, die zu Unternehmensbewertungen und -einschätzungen beitragen können, konzipiert er den internen Raum, unternehmensspezifische Beiträge, wie z. B. die Corporate Website oder die Social Media Präsenz, auf die der vormediale Raum in Diskussionen und Bewertungen direkt Bezug nehmen kann (vgl. Abb. 5). Der interne Raum, in der vorliegenden Arbeit verstanden als der **unternehmensspezifische vormediale Social Media Raum** (siehe Kapitel 5.1), ist eng mit dem vormedialen Raum verflochten und überlagert sich zum Teil mit diesem, da typische Diskussionen des vormedialen Raums nicht immer losgelöst vom internen Raum stattfinden, sondern auch beispielsweise auf der unternehmenseigenen Netzwerk-Seite geführt werden können. Besonders dicht mit anderen Social Media Anwendungen des vormedialen Raums verknüpfte Netzwerke- oder Plattformen fungieren dabei laut Peters (2011: 116) als Hubs, als Filter, durch die sich Informationen, Meinungen und Diskurse aus dem unternehmensspezifischen vormedialen und dem rein vormedialen Raum in den medialen Raum verlagern. Relevante Filter können Peter zufolge allerdings auch stark und gut vernetzte Personen, wie z. B. einflussreiche Blogger und Online-Journalisten, sein.

Diese weit vernetzten Akteure, die Pleil als „digitale Kuratoren" (2010a: 13) bezeichnet, spielen eine zentrale Rolle im interdependenten Prozess der Reputationsbildung, denn andere User nehmen deren Bewertungen als Meinungsführer ernst: Ebenso ernst sollten Unternehmen diese nehmen, denn ein Einblick in von diesen geäußerten Meinungen und Stimmungsbildern ermöglicht einen Rückschluss auf sich abzeichnende Entwicklungen in der Wahrnehmung durch relevante Stakeholder und damit auf die Reputation. Auch wenn laut einer Forrester Research Studie nur 6,4 Prozent der Onliner als „Mass Connectors“ zu 80 Prozent der Marken-und Reputationsbildung von Unternehmen im Internet beitragen und damit als Meinungsführer zu klassifizieren sind, ist deren Relevanz nicht zu unterschätzen (vgl. Ray 2010). Zum einen, da laut einer Nielsen Studie aus dem Jahr 2009 70 Prozent der Befragten, Bewertungen von bekannten und sogar unbekannten Personen im Web vertrauen, zum anderen da die Meinungsmacher, wenn auch nur gering in der Zahl, über gut vernetzte Kontakte auf Social Media verfügen. Die Macht des Einzelnen liegt nach Reed (2001: 1) in der Macht seiner Netzwerke, so erreicht ein Netzwerk mit n Mitgliedern, die vielfach vernetzt sind, beispielsweise eine Reichweite von 2 hoch n. Damit kann ein einzelnes, gut vernetztes Mitglied die Reputation eines Unternehmens bei anderen Stakeholdern beeinflussen und wesentlich zum Aufbau der digitalen Reputation beitragen (vgl. Zerfaß/Boelter 2005: 167). So wird Reputation in einer sozial vernetzten Welt ein zentrales Gut (vgl. Meckel: 2007).

4.2.2 Chancen- und Risikopotenziale der Reputationsbildung auf Social Media

Die große Chance von Social Media liegt laut Peters (2011: 152) darin, dass zuvor nicht sichtbare Reputationsbildungsprozesse transparent werden. Daraus resultiert jedoch gleichzeitig das latente Risiko eines zunehmenden Überblicks- und Kontrollverlusts durch die komplexen Interaktions- und Kommunikationsabläufe. Im Folgenden werden Social Media inhärente Chancen- und Risikopotenziale als ***Ursachendimension*** für die Veränderung von Reputationsbildung und Reputationsmanagement in Anlehnung an Peters (2011:155 f.) vorgestellt. Jedem der genannten Aspekte wohnen dabei gleichzeitig sowohl Chancen- als auch Risikopotenzial für die Reputation und die Reputationsbildung inne.

1) *Neue Kommunikatoren*
   Im vormedialen Raum, in dem jeder seiner Meinung Ausdruck verleihen kann, steigt die Anzahl der Stakeholder und anderer Kommunikatoren, die Einfluss auf die kollektive Reputationsbildung nehmen. Da diese neuen Meinungsma-

cher so schnell auftauchen wie sie auch verschwinden, müssen Unternehmen schnell über deren Relevanz entscheiden. Zentral ist hierbei, zwischen Fürsprechern und konstruktiven Kritikern, so genannten „Reputationsevangelisten" (Meckel 2007) und destruktiven „Reputationsterroristen" (ebd.) zu differenzieren.

2) *Zunahme an verfügbaren Inhalten*
Wie die Zahl an Kommunikatoren, so nimmt auch die Zahl an Inhalten, die auf Social Media präsentiert werden, stetig zu.
3) *Beschleunigung der Informationsdiffusion*
Die Informationsverbreitung wird durch die Zunahme an Kommunikatoren, die beliebig viele Inhalte an ihre Netzwerke verbreiten können, somit zudem wesentlich schneller.
4) *Persistenz von Inhalten*
Diese Inhalte sind und bleiben, wenn sie erst einmal publiziert wurden, dauerhaft online verfügbar.
5) *Transparenz und Kontrollierbarkeit*
Die Tatsache, dass unbegrenzt viele Kommunikatoren unbegrenzt viele Inhalte dauerhaft teilen bzw. einsehen können und dabei erwarten, dass Unternehmen online offen zu ihren Aktivitäten Stellung nehmen (vgl. Eck 2012: 141), erhöht den Grad an Transparenz. Dadurch und durch die in viele Social Media Applikationen integrierte Feedbackschleifen wie der „Like" Button auf *Facebook* oder die Retweet-Funktion bei *Twitter* (vgl. Schindler/Liller 2011: 10) werden Unternehmen zunehmend bewertbar und Reputationskontrolle unter den „neuen Medienbedingungen" (Pörksen/Dettel 2012: 65) ein Drahtseilakt zwischen zu viel und zu wenig Transparenz.
6) *Agenda Setting im vormedialen Raum*
Durch Bewertung und Meinungsbildung der User verlagert sich Agenda Setting, die Bestimmung von diskussionsrelevanten Themen, zunehmend in den vormedialen Raum. Hoffman (2011: 29) empfiehlt, die Offenheit vormedialer Räume im Rahmen eines Monitorings zu nutzen, um relevante Meinungsführer, Themenkarrieren sowie Äußerungen der Anspruchsgruppen zu beobachten und bei Bedarf selbst in die Diskussion einzugreifen, Stellung zu nehmen oder um Feedback in unternehmensspezifischen Foren zu bitten.

Diese kommunikativen Interventionen in Agenda Setting und Diskussionsverlauf im vormedialen Raum bezeichnet Peters (2011: 158) als Bottom-Up Bewegung, um die massenmediale Berichterstattung schon im Vorfeld auf reputationsförderliche Themen hin beeinflussen zu können. Auch Meckel (2007: 24 f.) geht von einer Umkehrung des Reputationsbildungsprozesses anlog zur Transformation der Social Media Kommunikation von der Top-Down zur Bottom-Up Richtung aus: Verlief Reputationsbildung nach Meckel in der Prä-Social Media Ära durch die Vermittlung unternehmensspezifischer Selbstbilder nach außen ausschließlich Top-Down, so konstruiert sie sich nun Bottom-Up in der Kommunikation der Stakeholder untereinander, die ihre Wahrnehmungen über ein Unternehmen auf Social Media teilen. Es sind die Communities auf Social Media, die in einem „emergenten Prozess" (ebd.: 15) Erfahrungen austauschen und dabei Wahrnehmungsbilder konstruieren (vgl. Meckel 2008: 125).

In dieser neuen Bottom-Up Reputationsbildung entstehen dabei im Idealfall Wahrnehmungsbilder, die sich aufgrund ihrer „inhaltlichen Verbindung zum Selbstbild des Unternehmens" (ebd.: 126) positiv auf die Reputation eines Unternehmens auswirken. Diese Bilder können jedoch auch in Diskrepanz zum kommunizierten Selbstbild des Unternehmens stehen und damit eine reputationsschädigende Wirkung zeitigen.

Effizientes Reputationsmanagement auf Social Media impliziert, dass Risiken- und Chancenpotenziale im Unternehmen und in der Kommunikationsabteilung bekannt sein müssen (vgl. Peters 2011: 11). Dafür müssen Organisationen Präsenz auf Social Media zeigen und „akzeptierter Teil relevanter Kommunikationsarenen bzw. sozialer Netze" (Pleil, 2010a: 15) werden. Auf diesen gilt es, die richtigen Inhalte über glaubwürdige Kommunikatoren zu vermitteln und dabei langfristige Wirkungen und die erreichten Anspruchsgruppen im Auge zu behalten (vgl. Storck 2012: 30). Letztere, die sich je nach Grad ihrer Vernetzung auch als relevante Meinungsführer und Multiplikatoren herausstellen können, sind überdies nicht zu übergehen, sondern müssen kommunikativ eingebunden werden. Der Dialog mit relevanten Stakeholdern und potenziellen Meinungsführern, der zwischen unterschiedlichen Interessen vermittelt (vgl. Niederhäuser/Rosenberger 2011: 108), sollte einseitige Überredungsversuche und Selbstdarstellungen ersetzen.

Da der Dialog jedoch nicht steuerbar ist (vgl. Theunissen/Noordin 2012: 11), scheuen viele Unternehmen das Risiko eines Kontrollverlusts durch die Nutzung von Social Media für das Reputationsmanagement und verzichten damit auf die Chance einer direkten Kommunikation mit Anspruchsgruppen. Laut der Social Media Governance Studie 2010 beurteilen 66,2 Prozent der Kommunikationsverantwortlichen die fehlenden Kontrollmöglichkeiten als erhebliches Risiko. Trotz aller Skepsis zeichnet sich parallel jedoch eine in den letzten Jahren wachsende Bereitschaft ab, im Web und auf Social Media präsent zu sein: In einer vor der Etablierung von Social Media als Massenkommunikationsinstrument von Buxel und Wiedman 2004 durchgeführten Studie erklärten immerhin 47,3 Prozent der befragten Unternehmen den „Interneteinsatz für die Kommunikation nach außen" im Kontext des Reputationsmanagements als sehr wichtig und weitere 45,8 Prozent als wichtig (vgl. 2004: 54).Fast eine Dekade später ist das Internet als Instrument im Kommunikationsmix fest etabliert und die Sensibilisierung für die Relevanz der Social Media Anwendungen weiter vorangeschritten. Ob und wie intensiv auch NPOs schon auf Social Media präsent und aktiv sind, eruiert das folgende Kapitel.

4.3 Social Media Nutzung in NPOs

Wie NPOs Social Media als Kommunikationsinstrument einsetzen, war bereits anfangs Teil der wissenschaftlichen Problemstellung, die den Wissensmangel bezüglich der Social Media Kommunikationspraxis von NPOs und hinsichtlich der Frage, wie diese Auswirkungen und Potenziale von Social Media im Hinblick auf das Reputationsmanagement beurteilen, moniert. Dass NPOs auf Social Media aktiv sind, steht jedoch außer Frage. In den USA scheinen sie, den Ergebnissen einer Langzeitstudie von Barnes und Mattson von der University of Massachusetts zur Social Media Nutzung der 200 größten Wohltätigkeitsorganisationen zufolge, in aktiver Nutzung und Vertrautheit mit dem Kommunikationskanal sogar Profit-Unternehmen und akademische Institutionen auszustechen (vgl. 2008: 8). Die erfolgreichsten NPOs hätten demzufolge, so die Schlussfolgerung, mit Social Media ein neues Kommunikationsinstrument entdeckt, um „Herzen (und vielleicht die Dollars) potenzieller Spender" (ebd.) zu gewinnen. Ein Fazit, das zunächst zu überraschen vermag, hätte man doch – analog zur verhaltenen Nutzung von klassischen Websites als Kommunikationsinstrument zur Ansprache von Anspruchsgruppen (vgl. Lovejoy/Saxton 2012: 337) – meinen können, NPOs seien auch auf Social Media eher Nachzügler als Vorreiter. Mit der auf Social Media per se integrierten Interaktivität (vgl. Schindler/Liller 2011: 12) und der relativ leichten, kostenfreien Nutzung fallen jedoch Einstiegsbarrieren, wie fehlendes Know-how in der technischen Umsetzung oder mangelnde Personalressourcen zur Implementierung, die den Start in die interaktive Kommunikation auf Websites Jahre erschwerten, weg (vgl. Lovejoy/Saxton 2012: 337). Vielmehr erkennen NPOs die Chance, über Social Media direkt mit den verschiedenen Stakeholdern in Kontakt zu treten.

Erste Mängel in der Professionalität der Social Media Auftritte könnten dabei als durchaus sympathische oder authentische „Gehversuche“ gewertet werden, denkt man an den in Kapitel 2.1.2 analysierten Vertrauensvorschuss und den allgemeinen „Goodwill“ gegenüber Nonprofit-PR. Wie auch Barnes und Mattson (2008: 8) konstatieren, ist dennoch davon auszugehen, dass vor allem größere und gut organisierte NPOs in Sachen Social Media Expertise ihren Profit-Counterparts in nichts nachstehen. Insgesamt ist z. B. die Umweltorganisation *Greenpeace* für ihre professionelle Kommunikation bekannt und auch deutsche Medien zollen dieser medialen Expertise Anerkennung (vgl. Pleil 2005: 13).

An dieser Stelle lohnt es sich, einen Blick auf Deutschland zu werfen und die Social Media Nutzung der hiesigen NPOs zu hinterfragen. Zielführende Antworten können dabei vor allem aus dem *Social Media Report 2010 – Nonprofit-Organisationen starten ins Social Web* gewonnen werden, den Lubasch, Böhm und Nöll im Auftrag der *spendino GmbH*, eines Online-Fundraising Dienstleisters, durchführten. Zwar ist die Studie nicht unter wissenschaftlichen Vorzeichen entstanden, jedoch kann man davon ausgehen, dass es dem Auftraggeber, der sich selbst als Dienstleistungsunternehmen im Nonprofit-Sektor beschreibt und sich als neutraler Partner von deutschsprachigen NPOs versteht, daran gelegen ist, eine empirisch korrekt durchgeführte und intersubjektiv nachvollziehbare Studie zum Social Media Nutzungsverhalten der NPOs vorzulegen, um potenziellen Spendern Informationsmehrwert zu bieten und sich als vertrauenswürdiger Partner von NPOs zu etablieren. So erhebt die quantitative Datenanalyse über das Social Media Nutzungsverhalten von NPOs auch keinen Anspruch auf Vollständigkeit, sondern versteht sich als Beitrag zu einer vergleichbaren und transparenten Darstellung der Social Media Aktivitäten von NPOs (vgl. Lubasch et al. 2010: 4).

Zu den in der Studie untersuchten Social Media Anwendungen zählen *Facebook*, die *VZ-Netzwerke, Twitter, Xing, MySpace, Flickr, YouTube* und organisationsspezifische Blogs. Unter diesen Tools schneiden in der Nutzung durch NPOs *Facebook* mit 85 Prozent und *Twitter* mit 70 Prozent ab (vgl. ebd.: 12). Ein Drittel der Organisationen aus dem Untersuchungssample verfügt, so die weiteren Ergebnisse, über ein Profil bei den *VZ-Netzwerken*, während jeweils nur 30 Prozent *MySpace* und *Xing* nutzen. Was die Aktivität und Intensität der Nutzung auf den beliebtesten Plattformen betrifft, so schrieben innerhalb des vierwöchigen Beobachtungszeitraumes ein Drittel der NPOs weniger als zehn Beiträge auf *Facebook*, ein weiteres Drittel twitterte weniger als 100 Kurznachrichten. Auf *Twitter* zählt das katholische Hilfswerk *Missio* mit 2000 Tweets zu den Spitzenreitern, für *Facebook* nehmen diese Rolle *PETA Deutschland* und der *Volksbund Deutsche Kriegsgräberfürsorge* mit über 80 publizierten Beiträgen ein (vgl. ebd.). Bezüglich der auf den beiden nutzungsintensivsten Social Media Tools erzielten Reichweiten lässt sich ferner konstatieren, dass 55 Prozent der NPOs weniger als 1000 Fans auf *Facebook* hatten und nur ein Drittel mehr als 1000 Follower auf *Twitter* erreichte.

Insgesamt sind laut dieser Studie besonders NPOs aus den Bereichen *Umwelt-, Natur-* und *Tierschutz* zu den Social Media Vorreitern zu zählen, bekleiden doch *Greenpeace, PETA Deutschland* und der *WWF* die ersten drei Plätze im Gesamtranking der 20 Bestplatzierten in Sachen Nutzungsfrequenz und -intensität (vgl. 2010: 11). Weniger gut schneiden hingegen Organisationen aus dem Aufgabenspektrum *Kinder & Jugendliche* sowie *Soziale Dienste und Gesundheit* mit zwei Organisationen unter den Top 20 ab. Als Gesamtbild ergibt sich, dass deutsche NPOs zwar in der Mehrheit auf Social Media präsent sind, jedoch noch tendenziell hinter den Möglichkeiten der Kommunikation auf Social Media zurückbleiben (vgl. ebd.: 4). So stehen NPOs einen reputationsförderlichen Dialog mit Anspruchsgruppen eher zögerlich gegenüber, kommen doch Waters und Jamal (2010: 323) in ihrer Studie über die NPO Kommunikation auf *Twitter* zu dem Ergebnis, dass die Möglichkeiten zum direkten Dialog mit Anspruchsgruppen noch nicht vollumfassend ausgeschöpft werden und stattdessen immer noch eine asymmetrische Informationsorientierung dominiert.

Eine Feststellung, die auch Inauen, Schoenborn und Scherer 2011 in ihrer inhaltsanalytischen Studie der *Twitter* Kommunikation von NPOs bzw. NGOs treffen.

Diese Ergebnisse werden durch eine von Waters und Kollegen im Jahr zuvor durchgeführte Untersuchung bestätigt, die für die Social Media Netzwerkseite *Facebook* einen geringen Grad an Interaktivität und „relationship management" (2009: 305) nachweist.

Dass der Grad an Dialogorientierung noch besser ausfallen könnte, resümieren auch Lovejoy und Saxton (2012: 337) in ihrer inhaltsanalytischen *Twitter*-Studie, betonen jedoch, dass NPOs Social Media immerhin stärker für Dialog und Interaktion nutzen, als sie es auf traditionellen Websites getan haben. Dass Beziehungsaufbau in der Internet-Kommunikation von NPOs dennoch und immer noch zu kurz kommt, monieren Ingenhoff und Koelling (2010: 186) in ihrer komparativen Inhaltsanalyse der Websites von deutschen und schweizerischen NPOs. Dabei sei dialogische Kommunikation, so die Forscherinnen, wichtig, um Vertrauen und positive Images aufzubauen und damit reputationsförderliche Unterstützungspotenziale wie z. B. den Aufbau von Kontakten zu Unterstützern oder die Gestaltung von vertrauensvollen Beziehungen zu Ressourcengebern (vgl. Luthe 1997: 3) für das (Online)-Fundraising zu nutzen. Die operative Umsetzung einer solchen PR bedarf jedoch einer übergeordneten Social Media Strategie, die bei vielen NPOs noch fehlt bzw. nicht in Gänze implementiert ist (vgl. Lubasch et al. 2010: 4).

4.4 Entwicklung einer Social Media Strategie für das Reputationsmanagement

Reputationsmanagement ist strategisches Management (vgl. Gallardo 2011: 22) und macht deswegen für die Einbindung des Kommunikationsinstruments Social Media PR eine langfristige Planung der einzelnen Prozessschritte und Maßnahmen notwendig.

Vor dem Hintergrund einer strategischen Ausrichtung definiert Peters (2011: 76) Reputationsmanagement auf Social Media im Folgenden als:

> *„Planung, Organisation/Umsetzung und Kontrolle/Analyse von Kommunikationsmaßnahmen auf Social Media Anwendungen, die gezielt auf Wahrnehmungs- und Meinungsbildung relevanter Anspruchsgrup-*

pen im interdependenten Kontinuum zwischen vormedialen und medialen Raum und damit auf die Reputation Einfluss nehmen.“

Vor der Festlegung auf ein strategisches Vorgehen und Kommunikationsmaßnahmen, müssen jedoch die zu erreichenden Kommunikationsziele definiert werden. In Anlehnung an Schindler und Liller (2011: 280) können folgende Ziele der Social Media PR als reputationsrelevante Ziele für Nonprofit-Organisationen fixiert werden:

1) den Bekanntheitsgrad erhöhen,
2) das Image als Teilbereich der Reputation langfristig verbessern oder verändern,
3) die dialogische Kommunikation mit relevanten Zielgruppen aktiv gestalten,
4) Beziehungen aufbauen, pflegen und erhalten.

Bernoff und Li (2008: 76) ergänzen diese Zielliste um

1) „Listening“: Informationen über Anspruchsgruppen einholen,
2) „Talking“: reputationsförderliche Botschaften kommunizieren,
3) „Energizing“: Fürsprecher und „Reputationsevangelisten“(Hoffman, 2011: 29) mobilisieren,
4) „Supporting“: Anspruchsgruppen zum interaktiven Wissensaustausch anregen,
5) „Emarcing“: Anspruchsgruppen in den Wertschöpfungsprozess integrieren.

Nach Storck (2012: 30) ist die Zieldefinition der erste basale Schritt der Prozess der Strategiefindung. Dieser bildet zusammen mit der Planung und der anschließenden Umsetzung ein eng verflochtenes Kreislaufmodell.

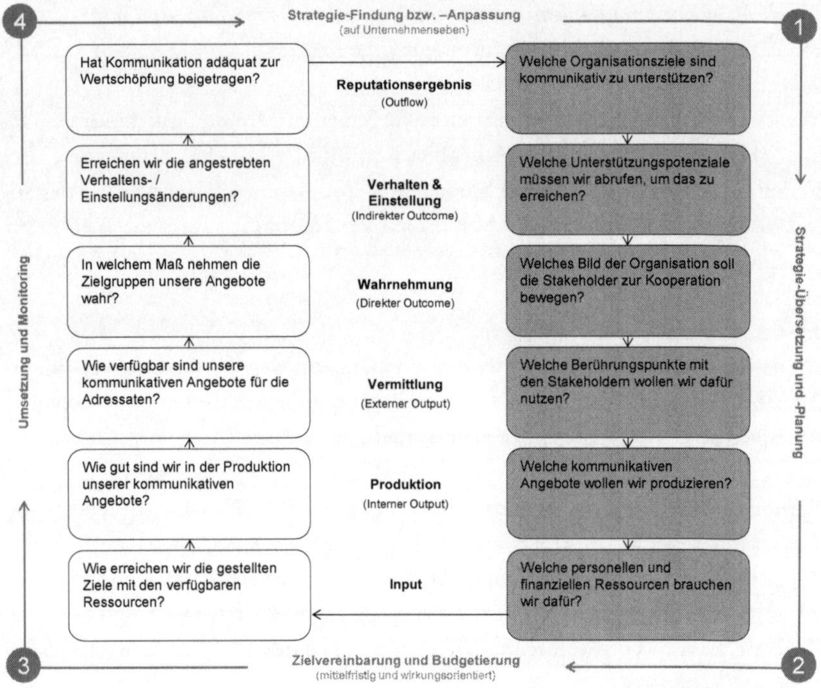

Abbildung 6: Strategieentwicklung für das Reputationsmanagement auf Social Media
Quelle: Storck 2012: 30

4.4.1 Identifikation von Anspruchsgruppen und Unterstützungspotenzialen durch Monitoring

Nach der Festlegung der reputationsunterstützenden Kommunikationsziele auf Social Media und der Überlegung, auf welche übergeordneten Leitziele diese einzahlen und an welchen Leitkennzahlen die Zielerreichung in einem späteren Planungspunkt messbar gemacht werden soll, stellt sich auch die Frage, welche Zielgruppen erreicht werden sollen. Storck (2012: 30) empfiehlt schon an dieser Stelle mögliche Unterstützungspotenziale einzubeziehen, um zu reflektieren, wie man Anspruchsgruppen, beispielweise freiwillige/ehrenamtliche HelferInnen, UnterstützerInnen oder lokale EntscheidungsträgerInnen zu Engagement und Kooperation motivieren kann, bzw. welche Faktoren dem entgegenstehen: Welches Bild der NPO soll Stakeholder zur Unterstützung dieser bewegen, welche Erfahrungen können ihre Wahrnehmungen positiv beeinflussen (vgl. Abb. 6)?

Dafür ist es laut Storck zentral, die Erfahrungen potenzieller Anspruchsgruppen mit der NPO zu identifizieren sowie deren Interessenschwerpunkte zu analysieren. Um im Vorfeld zu eruieren, welche Themen bereits auf Social Media diskutiert werden und welche Wahrnehmungen über die NPO im Netz kursieren, steht ein umfassendes Monitoring als weiterer Schritt am Anfang des strategischen Planungsprozesses (vgl. Hilker 2010: 60) und begleitet diesen bis in die Phase der Umsetzung (vgl. Abb. 6). Auch potenzielle Meinungsführer und Multiplikatoren können so identifiziert werden (vgl. Eck 2010: 228). Um ausfindig zu machen, auf welchen Plattformen welche Themen dominieren, stehen Analysetools, die Beobachten und Zuhören im Netz unterstützen, zur Verfügung: Google Alerts, Socialmention (vgl. Hoffmann 2011: 29), aber auch RSS-Reader, Blogsuchmaschinen, *Twitter*-Suche, Foren-Suchmaschinen und *Facebook*-Statistiken bieten sich für kostenloses Monitoring an (vgl. Schindler/Liller 2011: 168).

Ziel ist es, herauszufiltern, welche organisationsspezifischen Botschaften bzw. Neuigkeiten auf besonderes Interesse stoßen und im Idealfall Reaktionen auslösen (vgl. Hoffmann 2011: 29). NPOs können Monitoring zum einen gezielt dazu nutzen, Themenpräferenzen und reputationsförderliche Kommunikationsinhalte zu erkennen (vgl. Abb. 6) und zum anderen als Frühwarnsystem konzipieren, das potenzielle reputationsschädliche Themen im Rahmen eines systematischen Issues Management im Vorfeld lokalisiert (vgl. Fahrenbach 2012) und so ein drohendes Reputationsrisiko rechtzeitig aufzeigt. Um mit eventuellen Krisensituationen auf Social Media adäquat umgehen zu können, empfiehlt es sich in dieser ersten Phase des Monitorings, parallel Social Media Guidelines zu fixieren, die eine Organisation für den richtigen Ton sowie für den Umgang mit reputationsschädlicher Kritik sensibilisieren (vgl. Hoffmann 2011: 29).

4.4.2 Identifikation von Plattformen, Kernbotschaften und Reputationspotenzialen

Ist durch Monitoring bekannt, auf welchen Plattformen potenzielle Anspruchsgruppen aktiv sind, besteht der nächste Schritt darin, die richtigen Social Media Plattformen auszuwählen, um dort eine Online-Präsenz aufzubauen. Es gilt herauszufinden, wo bereits etwaige Kontaktstellen existieren oder auf welchen Netzwerk-Plattformen diese erst geschaffen werden müssen (vgl. Storck 2012: 30). Das Credo „Je mehr, desto besser" ist in diesem Falle wenig hilfreich, da die Social Media Tools im Rahmen eines strategischen Vorgehens auf die eigene Ausgangssituation und Zielvorstellungen sowie die Anspruchsgruppen und deren bisheriges Mediennutzungsverhalten abgeglichen werden sollten (vgl. Werner 2012: 58/59). Neben der bereits am Anfang gestellten Frage nach den Zielen einer Nutzung von Social Media als Kommunikationsinstrument müssen sich NPOs auch damit auseinandersetzen, welche Anspruchsgruppen sie mit welchen Inhalten oder Botschaften auf welchen Kanälen erreichen wollen (vgl. Abb. 6). Dabei sind die Inhalte zu wählen, durch die eine NPO ihre Expertise widerspiegelt und Kontinuität (vgl. Tarneden 2010: 148) für den Aufbau von Vertrauen vermittelt.

Parallel zur Schnürung der Maßnahmenpakete für einzelne Social Media Anwendungen müssen für jede strategisch geplante und später umzusetzende Maßnahme die benötigten finanziellen und personellen Ressourcen veranschlagt werden (vgl. Abb. 6), um abzusehen, mit welchem realistischen Kostenaufwand für ein Social Media Engagement gerechnet werden kann. Gerade für NPOs mit knappem finanziellem Budget ist es unumgänglich, die Kosten für eine Implementierung von Social Media von Anfang an präzise zu kalkulieren. An der Schnittstelle zwischen Planung und faktischer Umsetzung erfolgt nach Storck zunächst ein Blick in die Zukunft, da nun festgelegt werden muss, wie sich der Erfolg der später anvisierten Maßnahmen messen (vgl. Abb. 6) und somit auch ein möglicher finanzieller Mehraufwand rechtfertigen lässt. Ein Ist-Soll-Abgleich und eine daraus resultierende, kontinuierliche Optimierung der Strategie ist nur möglich, wenn die Erreichung der anfangs fixierten Ziele überprüft werden kann.

Es geht einerseits darum, die Qualität der Kommunikation zu evaluieren, andererseits aber auch die Quantität in Form der Reichweite zu analysieren (vgl. Abb. 6).

Werden die angesprochenen Zielgruppen tatsächlich erreicht und verändern sich ihre Wahrnehmungen über die NPO? Und wird, über die Ebene der Wahrnehmung des Organisationsbildes hinaus, auch ihr Verhalten tangiert? In diesem Kontext sind nach Storck auch „handlungsleitende Reputationsaspekte" sowie mögliche Reputationsrisiken zu erfassen. Insgesamt geben Reichweiten, der Grad der Interaktion und das Nutzerverhalten Antwort auf die finale Frage, ob die Social Media Kommunikation adäquat zur Wertschöpfung beigetragen hat, der Input Kommunikation also den Outflow Reputation hervorbringt. Wie man diese Indikatoren für eine abschließende Reputationskontrolle misst, muss schlussendlich bereits in der strategischen Planungsphase festgelegt werden.

4.5 Reputationsrelevante Social Media Anwendungen für die operative Umsetzung

Nach der Planung einer übergeordneten Kommunikationsstrategie, die sich vom ersten, taxativen Monitoring zum Erfassen vorherrschender Online-Stimmungs- und Meinungsbilder bis hin zum begleitenden und evaluierenden Monitoring im Rahmen der Erfolgs- und Reputationskontrolle erstreckt, erfolgt die Umsetzung der anvisierten Maßnahmen. Konkret heißt das, auf den zuvor identifizierten Social Media Plattformen eine Präsenz aufzubauen und Kommunikationsaktivitäten aufzunehmen. Die Entscheidung für spezifische Social Media Kanäle ist von den angestrebten Zielen und den zu erreichenden Zielgruppen abhängig zu machen.

Dennoch kommen nicht alle zur Verfügung stehenden Social Media Anwendungen pauschal infrage, da laut Peters (2011: 147) aufgrund des geringen Nutzungsgrads nicht alle von ihnen ein genügend großes Publikum anziehen, das die erwünschten Zielgruppen abdeckt. Zudem eignen sich ihm zufolge auch nicht alle Social Media Plattformen gleichermaßen für die im Reputationsmanagement notwendige Beziehungspflege und Profilierung durch individuelle Inhalte. Zu den reputationsrelevanten Social Media Anwendungen zählen, zusammenfassend festgehalten, die massenpopulären **sozialen Netzwerke** (z. B. *Facebook),* **Business-Netzwerke** (z. B. *Xing),* **Content-Sharing Plattformen** (z. B. YouTube), **Blogs und Microblogs**, wie z. B. *Twitter,* sowie **Diskussions- und Bewertungsplattformen** wie z. B. *kununu* oder *Qype* (vgl. Peters, 2011: 218–223). Die folgenden Ausführungen beziehen sich aus forschungspragmatischen Gründen nur auf soziale Netzwerke und Microblogs, da deren prominenteste Vertreter, *Facebook* und *Twitter* am meisten von deutschen NPOs genutzt werden (vgl. Lubasch et al. 2010) und damit durch die verfügbare Datenmenge besondere Relevanz für das Forschungsvorhaben aufweisen.

1. *Netzwerkplattformen*

Durch ein Unternehmensprofil auf Netzwerkplattformen wie *Facebook* oder *Xing* wird Anspruchsgruppen die Möglichkeit geboten, Wahrnehmungen, Bewertungen und Erfahrungen direkt auszutauschen und schnell an ihr Netzwerk weiterzuleiten. In diese Kommunikation können Organisationen direkt eingreifen und sie für Information, Persuasion und Argumentation im Sinne eines reputationsförderlichen Beziehungsaufbaus nutzen, denn wechselseitige Bezugnahme und Dialog sind hier erwünscht (vgl. Peters 2011: 223/224). Da Netzwerkplattformen mittlerweile andere Social Media Anwendungen auf ihrer Seite bündeln und damit zu einer „All-In One-Plattform bzw. Kommunikationszentrale" (ebd.: 125) werden, kommt ihnen für ein Social Media Reputationsmanagement hohe Relevanz zu.

2. *Microblogs*

Die Reputationsrelevanz von Microblogs wie *Twitter* wird jedoch nicht ebenso vorbehaltslos anerkannt. So wird von Peters (2011: 218) das Argument angeführt, eine 140 Zeichen Kommunikation generiere keinen qualitativen Mehrwert. Dennoch eignet sich diese Social Media Anwendung, werden Frage-Antwort-Sequenzen über mehrere *Tweets* hinweg fortgeführt, zum Aufbau einer dialogischen Kommunikation – ein Potenzial, das durchaus gegeben, wenn auch (noch) nicht vollständig erkannt und genutzt ist (vgl. Waters et al. 2009; Waters/Jamal 2010; Ingenhoff/Koelling 2010; Inauen/Schoeneborn/Scherer 2011). Reputationsrelevant ist *Twitter* ferner aufgrund der Schnelligkeit der Informationsübertragung im Netzwerk: Eine einfache 140-Zeichen Nachricht kann ein User innerhalb von Sekunden mit seinen Followern teilen. Wenn diese den Tweet weiterleiten bzw. empfehlen möchten, gelangt der ursprüngliche Tweet durch die Retweet-Funktion dann in die Netzwerke der eigenen Netzwerkkontakte, wobei sich die Anzahl der erreichten Nutzer innerhalb von kürzester Zeit um ein Vielfaches erhöhen kann (vgl. Berns 2010: 232). Auf diese Weise können reputationskritische Inhalte schnell verbreitet werden und dabei auch relevante Personen in den jeweiligen Netzwerken erreichen, die wie z. B. Journalisten oder Blogger eine zusätzliche Multiplikatorenwirkung haben (vgl. Peters 2011: 159/160).

5 Social Media PR als Kommunikationsinstrument im Reputationsmanagement von NPOs – Theoretische Implikationen für die empirische Untersuchung

Die schnelle Verbreitung von reputationsrelevanten Inhalten im transparenten und kontrollierbaren vormedialen Raum sowie das dort von neuen Kommunikatoren betriebene Agenda Setting verändern Reputationsbildung auf Social Media (siehe 4.2.2). Transparenz, Vertrauen und eine Erweiterung der Akzeptanzräume durch dialogische Beziehungspflege (siehe 3.2.2, 3.2.3) sind dabei Mehrwerte von Social Media, die aus dem Aufbau von immateriellem Kapital schöpfen und so ein wichtiger Träger der Onlinereputation sein können (vgl. Pleil 2010b: 24). Da gerade diese immateriellen, reputationsrelevanten Kommunikationswerte mit den Spezifika und dem Selbstverständnis einer glaubwürdigen Nonprofit-PR korrelieren, ist Social Media PR ein geeignetes Kommunikationsinstrument für die Umsetzung des Reputationsmanagements in NPOs.

Diese Relevanz von Social Media PR für die Reputation haben die vorausgehenden theoretischen Kapitel illustriert. Die Synthese dieser Kapitel belegt überdies einen natürlichen Zusammenhang zwischen diesen Themenaspekten, der sich aus den einenden Verbindungslinien zwischen Nonprofit-, Social Media PR und Reputationsmanagement quasi zwangsläufig ergibt. Diese Verbindungslinien werden im Folgenden noch einmal zusammenfassend dargestellt und in einen theoretisch fundierten Modellentwurf überführt (5.1).

5.1 Theoretisch fundierter Modellentwurf: reputationsrelevante Dimensionen auf Social Media

Als **operatives Instrument** zum Aufbau von Vertrauen als Teildimension der Reputation spielt PR im Reputationsmanagement von NPOs, die nach **sozialem Kapital in Form von langfristigen und stabilen Beziehungen mit Anspruchsgruppen** streben, eine zentrale Rolle (siehe 3.2). **Reputationsrelevante Unterstützungspotenziale** (siehe 3.1.1), die das Konstrukt auf der Verhaltensebene operationalisieren, werden durch spezifische Aufgaben der Nonprofit-PR aktiviert: Die kommunikative Dimension der Reputation wird durch PR umgesetzt. Sie unterstützt eine NPO dabei, sich mit Themen und Leistungen zu positionieren (siehe 3.2.1) sowie durch Deutungs-und Identifikationsofferten Beziehungen zu wichtigen Anspruchsgruppen (3.2.2) aufzubauen. In Anlehnung an Aula sind demnach **Reputation as positions, Reputation as symbolic capital** und **Reputation as relationships** kommunikative Dimensionen von Reputation, die PR durch ihre Aufgaben beeinflussen kann (siehe 3.2).

Die Anforderungen an die Aufgaben der PR korrespondieren dabei mit den primären Zielen der Nonprofit-PR: **Transparenz** herstellen, **Vertrauen** aufbauen und **Akzeptanzräume** schaffen sind Prinzipien, denen die Nonprofit-PR verpflichtet ist (siehe 3.2.3). Eine Nonprofit-PR, die eine integrale Rolle im Rahmen des strategischen Reputationsmanagements einnimmt, zielt auf **thematische Positionierung, Beziehungsaufbau und Identifikation durch symbolisches Kapital** (siehe 3.2.1, 3.2.2) und setzt innerhalb dieser drei Dimensionen auf **Transparenz** als **Faktor der Vertrauensbildung** in der zwischenmenschlichen Kommunikation (siehe 3.2.3). Es geht darum, mit Zielgruppen zu sprechen, damit diese später positiv über die Organisation reden und das auch im Netz. **Social Media PR** bietet dabei Anknüpfungspunkte, um die Potenziale der Nonprofit-PR (siehe 2.2.4) mit den ihr eigenen Spezifika zu synthetisieren: Durch die dem Medium inhärenten Optionen der Visualisierung und Interaktivität können komplexe Leistungen greifbar und transparent abgebildet werden, um Glaubwürdigkeit zu vermitteln und Identifizierungspotenziale zu offerieren. Teilnahme an Dialog und Feedbackschleifen signalisieren die Bereitschaft, in Diskursen im vormedialen Raum die eigene Themenexpertise einzubringen sowie als Mediatoren zu fungieren.

Diese Spezifika der Social Media PR, **Interaktivität und Partizipation, Dialogangebot** (siehe 4.1) bewirken eine **Reputationsbildung im vormedialen Raum** (siehe 4.2) und verändern damit Ablauf und Charakter des Reputationsbildungsprozesses, der sich nunmehr **Bottom-Up** durch Wahrnehmungsbilder und Erfahrungen der Stakeholder, konstituiert (siehe 4.2.1). Wenn Will (1999: 1) vom Reputationsmanagement als Kommunikationsaufgabe durch „vernetzte Darstellung der Unternehmung mit und gegenüber all ihren Anspruchsgruppen" spricht, bringt er mit dem Wort „vernetzt" die Entwicklung der letzten Jahre beinahe prophetisch auf den Punkt: „Dialogische Kommunikation zwischen Unternehmen und Anspruchsgruppen" verlagert sich mehr und mehr auf soziale Netzwerke und bedingt eine Reputationsbildung an der Schnittstelle des Kontinuums zwischen vormedialem und medialem Raum.

Reputation entsteht in einer wechselseitigen Kommunikation der Organisation **mit** den Anspruchsgruppen auf Social Media und kann die Schwelle zum medialen Raum überschreiten, wenn die dort gemachten Erfahrungen schließlich in der Kommunikation der Anspruchsgruppen mit anderen Menschen **über** die Organisation in sozialen Netzwerken geteilt, „offline" weitergegeben wird und auch in mediale Diskurse Eingang findet. Die Reputationsbildung auf Social Media an der Schnittstelle zwischen dem vormedialen und medialen Raum spiegelt das folgende Modell wider, das die aus den Theoriekapiteln abgeleiteten Erkenntnisse in drei reputationsrelevante Dimensionen fusioniert.

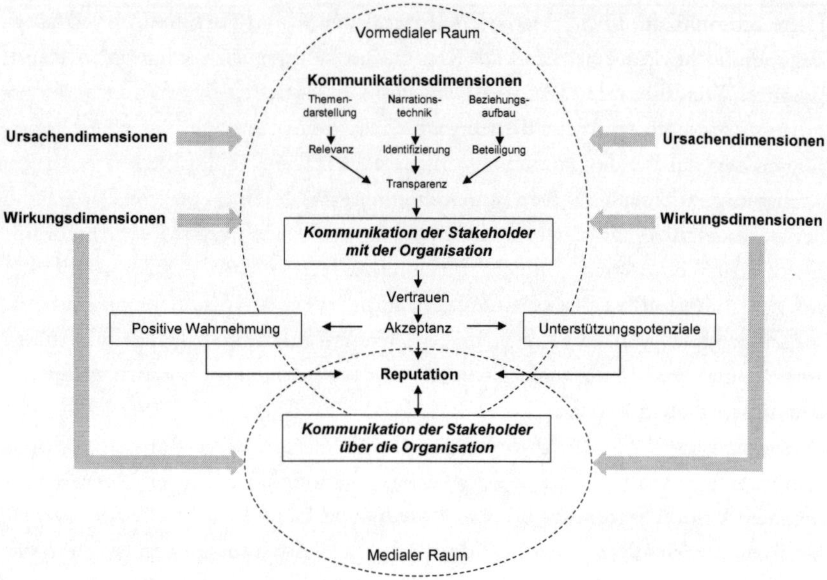

Abbildung 7: reputationsrelevante Dimensionen auf Social Media
Quelle: eigene Darstellung in Anlehnung an Aula (2011), Klenk/Hanke (2009), Peters (2011), Tarneden (2010)

Die Chancen- und Risikopotenziale (siehe 4.2.2), die aus den Kommunikationsspezifika von Social Media resultieren, können als Ursachendimension für mögliche Wirkungen auf die Reputation und Reputationsbildung konzipiert werden: Diese sind auf der **Ebene der Stakeholder:**

- **neue Kommunikatoren,**
- **Agenda Setting im vormedialen Raum.**

Auf der Ebene der Themen bzw. Inhalte sind als Chancen- und Risikopotenziale zu identifizieren:

- **die Beschleunigung der Informationsdiffusion,**
- **die Zunahme an verfügbaren Inhalten** und deren **Persistenz** sowie die dadurch entstehende **höhere Transparenz** und **Kontrollierbarkeit** durch User.

Die Kommunikationsdimensionen werden durch die **Themen und die Themendarstellung** sowie auf der Ebene der NPO-Stakeholder durch **Beziehungsaufbau** manifest. Die **Themen**[15] **bzw. Themendarstellung** als reputationsrelevante Kommunikationsdimensionen schließen an die Notwendigkeit an, sich in der eigenen Darstellung, in der Beschreibung von Themen, Zielen und Aufgaben eindeutig abzugrenzen. Dies beschreibt die Aufgabe einer Organisation, sich mithilfe der Alleinstellungsmerkmale klar von Mitbewerbern abzugrenzen. Eine NPO muss sich in ihrer Themenwahl und der damit verbundenen Expertise und Ziel- sowie Werteorientierung eindeutig positionieren (siehe 3.2.1).

Zusätzliche Identifikationspotenziale werden durch die **Narrationstechnik** möglich, durch die Art und Weise, wie eine NPO ihre Themen stilistisch darstellt, wie sie Geschichten erzählt und ausschmückt (siehe 3.2.2). *Reputation als symbolic capital*, operationalisiert als narrative Techniken, bildet ein Bindeglied zwischen **Themen bzw. Themendarstellung** (*Reputation as* positions) und **Beziehungsaufbau** (*Reputation as relationships),* das stilistische Elemente der Themendarstellung mit der sprachlichen Umsetzung der Stakeholder-Ansprache verbindet. Die durch diese drei Kommunikationsdimensionen des Reputationsmanagements generierbaren Mehrwerte **Relevanz, Identifizierungspotenzial** und **Beteiligung** sind durch die Kommunikation mit Anspruchsgruppen zu gewinnen. Ist diese Kommunikation transparent, relevant und bietet sie den Anspruchsgruppen Identifizierungsmöglichkeiten und Beteiligung, so ist sie eine Grundlage für die Entstehung von Vertrauen, Akzeptanz und langfristig Reputation. Auf der Ebene der Wirkungsdimension entsteht Reputation als Synthese aus positiver Wahrnehmung der Inhalte durch Stakeholder und den dadurch ableitbaren Unterstützungspotenzialen.

Die Chancen- und Risikofaktoren strahlen zudem auf die Wirkungsdimension aus, die sich auch in den medialen Raum hineinschiebt. Während die Ursachen für Veränderungen des Kommunikationsprozesses und damit der Mechanismen der Reputationsbildung allein im vormedialen Raum der Social Media selbst begründet liegen und auch die Kommunikationsdimensionen durch ihre Umsetzung auf kon-

15 Der Begriff „Themen", der mit dem der Themendarstellung zusammen genannt wird, bezieht sich dabei auf die Frage, welche Themen gewählt werden und wird in der Ergebnisdarstellung unter dem Aspekt der Themenselektion vorgestellt.

kreten Social Media Anwendungen nur das Vormediale tangieren, transzendieren die durch Kommunikation ausgelösten Wirkungen den vormedialen Raum und gelangen in den medialen Raum. Die Relevanz einer Social Media PR als Instrument des Reputationsmanagements und damit verbunden auch die Relevanz des in dieser Arbeit behandelten Forschungsinteresses konstituiert sich im Wesentlichen durch die Tatsache, dass Reputation, die auf Social Media entsteht, zwar zunächst nur als eine Teilreputation auf der Ebene eines einzelnen Mediums bzw. Kommunikationskanals anmutet, jedoch durch ihr zwei mediale Räume durchschreitendes Wirkungsgeflecht entscheidend auf die Gesamtreputation einzahlt.

Reputationsrelevante Wahrnehmungen übertragen sich von Social Media auf andere Kommunikationsinstrumente des medialen Raums, während dort diskutierte Themen ebenso wieder zurückwandern und in den Diskursen des vormedialen Raums erörtert werden können. Es ist ein Kreislauf, der die Relevanz einer Social Media PR für die **Gesamtkommunikation** und **Gesamtreputation** widerspiegelt und in Abbildung 7 Ausdruck findet. Auf der Ebene der Kommunikationsdimension umfasst der vormediale Raum den **unternehmensspezifischen vormedialen Raum** (siehe 4.1.3), während sich die Ursache- und Wirkungsdimensionen auf den vormedialen Raum im Allgemeinen beziehen.

Es ist durchaus denkbar, dass das Modell der reputationsrelevanten Dimensionen auf Social Media auch auf Profit-Unternehmen übertragen werden kann. Dies nachzuprüfen, liegt jedoch nicht im Interesse dieser Arbeit. Es erfolgt vielmehr ein konkreter Bezug auf NPOs, der im Rückgriff auf die Kapitel 3.2.1 bis 3.2.3 damit begründet werden kann, dass **Themen und Themendarstellung, Narration** und **Beziehungsaufbau** besonders wichtig für die Nonprofit-PR als Instrumente des Reputationsmanagements sind. NPOs bauen Reputation vielmehr in der *affektiven Dimension* der Identifizierung mit Themen und Werten und in der *sozialen Dimension* des Beziehungsaufbaus auf und weniger auf der Ebene der Produkte, Preise und Unternehmensführung, die Messmethoden wie der RQ (siehe 3.1.3) nahelegen.

5.2 Ableitung der literaturbasierten Forschungsfragen und Vorannahmen

Haben sich die behandelten Themenfelder im Hinblick auf Breite und Tiefe der zu Rate gezogenen wissenschaftlichen Auseinandersetzung als äußerst ergiebig erwiesen, so sind, was die empirisch validierten Aussagen zur Nutzung von Social Media PR für das Reputationsmanagement in der Praxis betrifft, in der Literatur einige Lücken zu identifizieren. Wie Kapitel 4.3 zeigt, liegen für NPOs zwar Nutzungszahlen für Social Media vor, doch bleiben diese eher an einer rein quantitativen Oberfläche haften und erschweren qualitative Rückschlüsse über die Art der Nutzung. Auch der Zusammenhang zwischen Social Media PR und Reputationsmanagement bleibt gänzlich unberücksichtigt, da Reputation und Reputationsmanagement nur implizit in Form einer normativen Empfehlung von Dialogaufbau in Analogie zu Beziehungs- und Vertrauensaufbau manifest wird.

Die Akzente der anvisierten empirischen Forschung bilden **die Nutzung** im Sinne der spezifischen **kommunikativen Umsetzung von Social Media PR als Kommunikationsinstrument im Reputationsmanagement** sowie eine künftige und mögliche **Gestaltung von Nutzungspotenzialen** im Hinblick auf die mediumspezifischen Besonderheiten. Diese wurden in der Literatur hinreichend auf der Ursachendimension beschrieben und können so zur Beantwortung der Forschungsfrage auf der Ebene der Wirkungen und Nutzungspotenziale angewandt werden. In diesem Sinne besteht das theoretisch fundierte Forschungsinteresse darin, über rein quantitative Analysen hinaus, qualitative Aussagen über die Nutzung von Social Media PR als Kommunikationsinstrument im Reputationsmanagement von NPOs zu treffen.

Wie bereits in der Einleitung angedeutet, ergeben sich damit zwei übergeordnete Forschungsfragen nach Nutzung und Nutzungspotenzialen, die in zusätzliche Unterfragen untergliedert werden können:

F1: Wie wird Social Media PR von NPOs als Kommunikationsinstrument für das Reputationsmanagement genutzt?

- *Welche Themen werden für die Kommunikation mit Anspruchsgruppen verwendet und wie werden sie dargestellt?*

Die Beantwortung der Forschungsfrage nach den Themen der Kommunikation fokussiert folglich zwei unterschiedliche Aspekte, nämlich zum einen die **Selektion von reputationsrelevanten Themen** und zum anderen die **Themendarstellung.** Bei der Themenwahl kann im Rekurs auf Tarneden (2010) und Brömmling (2007), der für NPOs eine kreative und abwechslungsreiche Themenwahl vermutet, davon ausgegangen werden, dass die auf Social Media behandelten Themen **inhaltlich ein breites Spektrum** abdecken, der thematische Fokus vom Spendenaufruf über die Vorstellung von potenziellen Leistungsempfängern bis hin zur Verkündung von Zielerfüllungen gehen können. Da bisher keine empirischen Ergebnisse dazu vorliegen, wie Reputationsrelevanz über die Themenwahl entfaltet wird bzw. welche reputationsspezifischen Elemente auf inhaltlicher Ebene manifest werden können, ist es ein Ziel der empirischen Untersuchung, die von NPOs auf Social Media präsentierten Themen im Hinblick auf ihre Reputationsrelevanz zu spezifizieren. Ob sinnstiftende Substantialität von Inhalten auf Social Media als reputationsrelevanter Aspekt zu identifizieren ist, wird erst durch die empirische Untersuchung beantwortet werden können. Da die Literatur – bis auf die bereits erörterten, vereinzelten Aussagen – bislang wenig über das Themenspektrum als reputationsrelevante Kommunikationsdimension von NPOs auf Social Media beizutragen weiß, muss sich die Beantwortung der Forschungsfrage in diesem Punkt stark auf die Ergebnisse der empirischen Untersuchung stützen.

Was die Themendarstellung betrifft, so kann in Anlehnung an Tarneden (2011:148) und Krzeminski (1997: 10/11), die die Erfolgskriterien für die Nonprofit-PR im Allgemeinen diskutieren, zusätzlich davon ausgegangen werden, dass auf ein gewisses Timing Wert gelegt wird. Insbesondere werden auf Social Media **aktuelle Themen** gepostet, wobei diese eine **Verknüpfung von Fakten und Emotionen** aufweisen und gerne **Personen in den Fokus der Aussage** stellen. Ob sich über die Verknüpfung von Fakten und Emotionen hinaus, wie sie Tarneden anregt, Erlebnisgemeinschaften im Sinne Krzeminskis (1997: 11) durch emotionale Begegnungen und mythisierende Geschichtenelemente auf Social Media konstituieren, bleibt im Rahmen der empirischen Untersuchung zu klären. Dasselbe gilt auch für die Analyse der sprachlich-stilistischen Mittel.

- *Welche sprachlichen-stilistischen Mittel werden für die Kommunikation mit Anspruchsgruppen verwendet?*

Auf welche Narrationstechniken NPOs zurückgreifen, bleibt in der Literatur unbeantwortet, allein Tarneden (2011: 148) nennt **Visualisierung** als ein spezifisches Element der Nonprofit-PR, das gleichzeitig zur Reputationsbildung durch Narration als Prozess der symbolischen Bedeutungsgenerierung beiträgt. Eine Vorannahme ist, dass Visualisierung auch als Element der stilistischen Aufbereitung der Themendarstellung auf Social Media genutzt wird, viele Beiträge also durch Bilder, Videos etc. untermalt werden. Dies sollte für *Facebook* in stärkerem Maße gelten als für *Twitter*, da dort Visualisierungen zumeist erst über Links zu ausgelagerten Bild- und Videoquellen ersichtlich werden.

Da Social Media vor allem knappe und präzise Kommunikationsbeiträge begünstigen, ist überdies nach Tarneden (2011: 148) zu vermuten, dass die Sprache auf Social Media **klar** und **faktenorientiert** ist, um das Wesentliche in aller Kürze und Prägnanz zu kommunizieren. **Personalisierung** ist ebenfalls in Anlehnung an Tarneden ein wichtiges Element der Nonprofit-PR. Auf Social Media übertragen, ist davon auszugehen, dass der **Grad der Formalität** eher gering ist, User eher mit „du" und „ihr" als mit „Sie" angesprochen werden, um Nähe zu suggerieren. Ebenso ist zu vermuten, dass die schriftsprachliche Kommunikation auf Social Media eine **nähesprachliche, orale Dimension** erreicht, da umgangssprachliche Wendungen durch Lebendigkeit Nähe und Unmittelbarkeit erzeugen. Die Ergebnisse der Inhaltsanalyse von Inauen und Kollegen (2011: 23 f.) weisen in diesem Kontext darauf hin, dass NPOs User eher „duzen" und insgesamt zu einer nähesprachlichen Sprechweise tendieren.

- *Welche Funktion bzw. Intention verfolgt Kommunikation für den Beziehungsaufbau mit Anspruchsgruppen?*

Lovejoy und Saxton (2012: 337) fixieren drei Funktionen der Social Media PR für NPOs: *„Information"*, *„Community"* und *„Action"*. Peters (2011: 215) spricht von den Aufgaben des Reputationsmanagements im Web ganz allgemein von „Information, Persuasion und Argumentation". Waters und Jamals (2011: 323) differenzieren die Formen der Kommunikationsfunktionen in Analogie zu den PR-Modellen von Grunig und Hunt in einem Kontinuum zwischen Appell als einseitige, asymmetrische Kommunikation und Dialog als zweiseitige, symmetrische Kommunikation. Dabei ist **Information** auf der Ebene der einseitigen, symmetrischen Kommunikation ihnen zufolge und einer weiteren zuvor zitierten Studie das **dominante Kommunikationsfunktionsmodell** in der Nonprofit Social Media PR. Obwohl **Dialog** zwar das in der Theorie empfohlene Social Media Kommunikationsmodell für den Beitrag zum Beziehungsaufbau und damit langfristig für das Reputationsmanagement als gezielte dialogische Kommunikation mit Anspruchsgruppen ist, findet es jedoch vermutlich, wie auch einschlägige Studien bisher bewiesen (siehe 4.3), in der Kommunikationspraxis von NPOs wenig bis gar keine Anwendung.

Im Lichte dieser Erkenntnisse muss die folgende Untersuchung ihr Augenmerk auf die in der Literatur vorgestellten Kommunikationsfunktionen richten und dabei besonders im Auge behalten, ob die durch einige Studien vorformulierten Thesen einer Informationsdominanz zuungunsten der Dialogfunktion für den Beziehungsaufbau aufrechterhalten werden können. Die Frage nach der Nutzung von Social Media PR zum reputationsförderlichen Beziehungsaufbau durch Dialog wird deswegen einen Interessenfokus der empirischen Untersuchung bilden, was auch für die Frage nach den Nutzungspotenzialen gilt.

F2: Welche Nutzungspotenziale lassen sich aus Social Media PR für das Reputationsmanagement ableiten?

- *Welche Potenziale birgt das Kommunikationsinstrument Social Media im Hinblick auf seine mediumspezifischen Besonderheiten für das Reputationsmanagement?*
- *Welche Gestaltungsparameter zeichnen sich für eine künftige Nutzung von Social Media PR als Kommunikationsinstrument für das Reputationsmanagement ab?*

Die Frage nach Nutzungspotenzialen und Gestaltungsparametern für eine Social Media PR im Reputationsmanagement von NPOs bleibt von der Forschungsliteratur unbeantwortet. Zu finden sind auf allgemeinem Niveau gehaltene Reflexionen über Chancen- und Risikopotenziale, die die Wirkungsdimensionen beeinflussen können (siehe 4.2.2) oder Beiträge, die die positiven Wirkungen von Social Media generell hervorheben und diese in konkrete PR-Strategien überführen (siehe 4.3). Die Verknüpfung mit der Nonprofit-PR bzw. den im Theorieteil herausgearbeiteten reputationsrelevanten Funktionen der Nonprofit-PR entfällt dabei in Gänze und muss deswegen durch die empirische Untersuchung hergestellt werden. Insgesamt, so die von der Verfasserin aus der Gesamtheit der Literaturrecherche abgeleitete Vorannahme, ermöglicht Social Media PR als Kommunikationsinstrument in NPOs einige Nutzungspotenziale für das Reputationsmanagement, da gerade die bislang offenbar eher zu kurz gekommenen Dialogangebote und der direkte Austausch mit Anspruchsgruppen auf eine Weise realisiert werden können, die den Potenzialen der Nonprofit-PR, nämlich Transparenz, Themenexpertise, Vernetzung und Vertrauensvorschuss, Rechnung trägt. Durch eine konsequente Gestaltung der reputationsrelevanten Kommunikationsdimensionen, Themendarstellung, Narrationstechnik und Beziehungsaufbau können NPOs, so die abschließende, zusammenfassende Annahme, die Social Media Spezifika für sich nutzbar machen, um positiv auf die Wirkungsdimension einzuwirken und künftige Nutzungspotenziale für das Reputationsmanagement ableiten.

Das in 5.1 entwickelte Modell spiegelt diesen Wirkungszusammenhang zwischen den reputationsrelevanten Dimensionen an der Schnittstelle zwischen vormedialem und medialem Raum wider und fungiert zugleich als theoretisches Fundament für die Konzipierung der empirischen Designs: Vom Verständnis der Reputationsbildung auf Social Media ausgehend, konnten die reputationsrelevanten Funktionen der Nonprofit-PR auf Social Media adaptiert, modellhaft durch reputationsrelevante Dimension auf Social Media abgebildet und damit für die Entwicklung der späteren Kategorienschemata anwendbar gemacht werden. Damit hat Kapitel 5 die Grundlagen für die empirische Untersuchung gelegt.

6 Empirische Untersuchung – Nutzung und Nutzungspotenziale von Social Media PR im Reputationsmanagement

Das Ziel der nun folgenden empirischen Untersuchung besteht darin, die kommunikative Umsetzung und Nutzung von Social Media PR durch NPOs zu analysieren und durch die Reflexion der aktuellen Praxis sowie der mediumspezifischen Besonderheiten Nutzungspotenziale für die strategische Konzipierung und praktische Umsetzung eines Reputationsmanagements als Aufgabe der Unternehmenskommunikation und damit der PR abzuleiten. Die theoretische Fundierung bildet den Rahmen für die empirische Erhebung, die in dem Forschungsdesign der Fallbeispielanalyse eine qualitative Inhaltsanalyse und teilstrukturierte Leitfadeninterviews mit KommunikationsexpertInnen miteinander kombiniert und deren Ergebnisse zur Überprüfung der Vorannahmen synthetisiert. Analog zur folgenden Abbildung des Aufbaus einer qualitativen Fallbeispielanalyse ist der empirische Teil der Arbeit in drei Prozessschritte untergliedert: Die typologische Betrachtung der NPOs erfolgt in der **Fallbeschreibung**, an die die **Falluntersuchung,** die Beschreibung der Erhebungsmethode und die Darstellung der Ergebnisse, anknüpft. Ein abschließender **Fallvergleich** ermöglicht einen Rückbezug der Ergebnisse auf die typologische Betrachtung, der damit zwangsläufig mit einer Interpretation einhergeht.

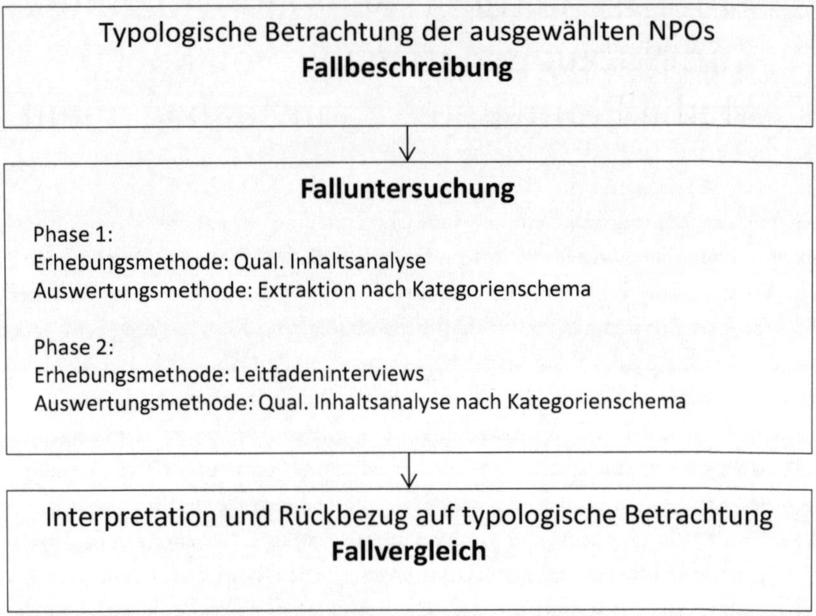

Abbildung 8: Aufbau qualitative Fallbeispielanalyse
Quelle: eigene Darstellung

Da Dokumente einer Organisation für den rekonstruierenden Prozess der Überführung der theoriegestützten Vorannahmen in mögliche Interpretationsofferten eine zentrale Rolle spielen (vgl. Gläser/Laudel 2010: 152), erfolgt die Erhebungsmethode der Inhaltsanalyse ausgewählter Social Media Auftritte der vier ausgewählten NPOs vor der Finalisierung des Fragebogens für die Leitfadeninterviews: So können unternehmensspezifische Besonderheiten der Social Media Berücksichtigung finden und der Fragebogen wird optimal an Interviewpartner und -situation angepasst (vgl. ebd.: 150). Die jeweiligen Ergebnisse der zwei empirischen Erhebungen werden in der Falluntersuchung zwar getrennt ausgewertet, im Rahmen des Fallvergleichs jedoch in einem weiteren Schritt aufeinander bezogen und interpretiert. Die Interpretation erlaubt es, Strukturmerkmale oder Muster abzuleiten, die auch als Fallstruktur oder Strukturgeneralisierung bezeichnet werden (vgl. Hildenbrand 1995: 257). Ziel ist es, durch diese Methodenkombination die Erkenntnismöglichkeiten der beiden unterschiedlichen Zugänge „systematisch zu nutzen und wechselseitig zu ergänzen und zu erweitern" (ebd.: 48).

Die Wahl fällt deswegen auf ein qualitatives Verfahren, da dieses eine explorative Annäherung an einen Forschungsgegenstand ermöglicht, für den bisher kaum komparative Präzedenzstudien vorliegen. Diese Triangulation (vgl. Flick 2011: 27), ein auf zwei Methoden basierendes empirisches Design, ermöglicht es überdies, die Nutzung von Social Media PR im Reputationsmanagement zum einen anhand der inhaltlichen Analyse der Social Media Kanäle zu erfassen und zum anderen durch das Interview mit den Kommunikationsverantwortlichen Implikationen für Nutzungspotenziale und Gestaltungsparameter zu reflektieren.

6.1 Fallbeschreibung – Vorstellung der ausgewählten NPOs und Befragungszielgruppen

Das Sample der ausgewählten NPOs setzt sich aus den Organisationen *MISEREOR*, *Brot für die Welt*, den *SOS Kinderdörfern weltweit* sowie den *Malteser Hilfsdiensten* zusammen, die den klassischen NPO Typus der karitativen, gemeinwohlorientierten Sachzielerfüllung abdecken (siehe 2.1.1) und damit nach Gläser und Laudel (2010: 98) dem methodischen Prinzip der Auswahl typischer Fälle entsprechen. Typische Fälle repräsentieren den AutorInnen zufolge das Untersuchungsfeld gut und ermöglichen damit die Untersuchung von Unterschieden und Gemeinsamkeiten innerhalb eines gleichen oder ähnlichen Falltypus. Eine Aufnahme tendenziell profitwirtschaftlich orientierter NPOs, wie politische Parteien, wirtschaftliche Verbände oder Krankenkassen hätte eine Heterogenität des Samples nach sich gezogen, die womöglich die Ergebnisse konfundiert hätte.

Mit den NPOs sind Fallbeispiele gewählt, die in sich homogen genug sind, um eine Konfundierung der Ergebnisse zu verhindern und einen interpretierenden Vergleich innerhalb des Typus der klassisch-karitativen NPOs zu ermöglichen. Gleichzeitig erweisen sie sich jedoch innerhalb der homogenen Struktur der karitativen Organisationen als heterogen genug, um etwaige Abweichungen in den Ergebnissen der empirischen Untersuchung im Hinblick auf organisationspezifische Unterschiede zu beleuchten und zu diskutieren.

Gemeinsam ist den NPOs, mit Ausnahme der *SOS Kinderdörfer weltweit*, der organisationale Anschluss als eingetragener Verein (e. V.) an einen kirchlichen Träger, der sie auf einen konfessionellen Wertekodex festlegt.[16] Nichtsdestotrotz unterschieden sich die Werteorientierungen der beiden katholischen Hilfsorganisationen nicht im Wesentlichen vom evangelischen *Brot für die Welt*, rekurrieren sie doch alle auf den übergeordneten Wertkomplex einer christlichen Sozialethik. Selbst die *SOS Kinderdörfer weltweit* schließen als überkonfessionelles Werk mit Leitsätzen wie Hilfe für notleidende Kinder und Förderung eines partnerschaftlichen Miteinanders an eine als christlich zu interpretierende Sozialethik an. Dabei ist der in München ansässige Förderverein der größte SOS Förderverein weltweit und zeichnet gemeinsam mit dem *SOS Kinderdorf Deutschland* und weiteren SOS-Fördervereinen und Stiftungen für die Durchführung der Projekte auf vier Kontinenten verantwortlich.

Die Gründungsdaten gehen auf den Zeitraum zwischen 1949–1959 zurück, auf die ersten Nachkriegsjahre sowie die ersten Jahre der jungen Bonner Republik unter Kanzler Adenauer. Es ist davon auszugehen, dass das während und nach dem Krieg erlebte Elend sowie das allmählich wirtschaftliche Wiedererstarken der Bundesrepublik unter den sich anbahnenden Vorzeichen der sozialen Marktwirtschaft eine ausschlaggebende Rolle für die Entstehung von gemeinnützigen Organisationen in dieser Dekade gespielt haben. Die *SOS Kinderdörfer weltweit*[17] führen die Verantwortungsübernahme für die vielen Kriegswaisen sogar als spezifischen Gründungszweck an. Die Erfahrung von Not und die Dankbarkeit über die im und nach dem Krieg erfahrene Hilfe inspirierten *Brot für die Welt* zur Gründung eines Hilfswerks. Dabei wurde die Gründung ebenso unter kirchlicher Ägide vollzogen wie die des katholischen Hilfswerks *MISEREOR:* Hier legte eine Rede des Kölner Erzbischofs Joseph Kardinal Frings auf der Fuldaer Bischofskonferenz den Grundstein für die Gründung des Werks. Die *Malteser Hilfsdienste* verdanken ihre Entstehung ebenfalls einer Initiative des katholischen Caritasverbands und der Malteserorden.

16 Als Quellen für die Daten und Fakten in formaler Hinsicht sind den Homepages der jeweiligen NPO entnommen, also: http://www.brot-fuer-die-welt.de/home.html, http://www.misereor.de/, http://www.malteser.de/ueber-die-malteser/malteser-hilfsdienst-ev.html, http://www.sos-kinderdorf.de/.

17 In den folgenden Tabellen der Ergebnisdarstellung wird auf den Zusatz „weltweit“ aus Platzgründen verzichtet.

Die konfessionelle Verankerung spiegelt sich bei der Organisation der *Malteser* im Inland in einer Organisationsstruktur wider, die entsprechend der Strukturen der katholischen Kirche, in Diözesen gegliedert ist. Ein weiteres Kriterium, das diese Hilfsorganisation von den drei anderen abgrenzt, ist die hohe Anzahl an aktiven ehrenamtlichen Helfern, die sich auf rund 70.000 Haupt-und Ehrenamtliche an über 700 Standorten beläuft, während sich über 1 Millionen weitere Personen als Fördermitglieder bzw. regelmäßige Spender engagieren. Die Fördermitglieder der *SOS Kinderdörfer weltweit* bestehen nach Auskunft der Geschäftsstelle in München aus derzeit 37.000 Paten, die eine Patenschaft für eines oder mehrere Kinder in einem Kinderdorf übernommen haben. Derartige Spezifizierungen der Mitgliedschaft sind für *MISEREOR* und *Brot für die Welt* nicht zu treffen, beide NPOs differenzieren nur zwischen Dauerspendern und gelegentlichen Spendern; für beide Gruppen liegen jedoch laut Auskunft der Pressestellen keine aktuellen genauen Zahlen vor. Weitere Gemeinsamkeiten und Unterschiede in der formalen Organisationsstruktur hält die folgende Tabelle fest, die einen abschließenden Überblick über Gründungsjahr, Organisationsmotto, Rechtsform, konfessionelle Bindung und das spezifische Aufgabenspektrum bietet.

Tabelle 4: Beschreibung der formalen Kriterien der ausgewählten NPOs
Quelle: eigene Darstellung

Organisation	*Brot für die Welt*	*MISEREOR*	*Malteser Hilfsdienst*	*SOS Kinderdörfer*
Gründungsjahr	1959	1958	*1953*	*1949*
Organisationsmotto	**Verantwortung in ökumenischen Netzwerken**	**Mut zu Taten**	**Weil Nähe zählt**	**Wir helfen Kindern**
Mitglieder	Keine spezifischen Angaben	Keine spezifischen Angaben	70.000 Ehrenamtliche, über eine Million Fördermitglieder	37.000 Paten
Spendeneinnahmen	Rund 67 Millionen Euro (Stand 2011)	181 Millionen (Stand 2011)	Keine Angabe	133 Millionen (Stand 2009)

Organisation	*Brot für die Welt*	*MISEREOR*	*Malteser Hilfsdienst*	*SOS Kinderdörfer*
Rechtsform	Dachorganisation Evangelisches Werk für Diakonie und Entwicklung e. V.	Bischöfliches Hilfswerk e. V.	Malteser Hilfsdienst e. V., gleichzeitig gemeinnützige Gesellschaft mit beschränkter Haftung (Gmbh)	Hermann Gmeiner-Fonds Deutschland e. V.
Konfessionelle Bindung	evangelisch und christliche Sozialethik	katholisch und christliche Sozialethik	katholisch „im Auftrag des Herren"	überkonfessionell
Aufgabenspektrum	Ernährungssicherung, Förderung von Bildung und Gesundheit, Kampf für Menschenrechte, Projekte der Zusammenarbeit mit Ländern des Südens	Hilfe zur Selbsthilfe in In-und Ausland, Entwicklungsprojekte in Asien, Afrika, Lateinamerika, Ozeanien	Katastrophenschutz und Sanitätsdienst, Erste-Hilfe, ehrenamtliche Sozialdienste, Hospizdienst, Auslandseinsätze in Krisengebieten	Hilfe für verlassene und notleidende Kinder in weltweit 533 Kinderdörfern: Bildungsarbeit, Selbsthilfe, aber auch Nothilfe-Aktionen

Das Aufgabenspektrum der Organisationen spiegelt zwar unterschiedliche Akzentsetzungen wider, ähnelt sich jedoch grundlegend, da alle vier Organisationen im Wesentlichen Hilfsprojekten im In-und Ausland nachgehen. Erste Hilfe sowie Hospizdienst sind dabei Leistungen, die die *Malteser* Hilfsdienste von den anderen NPOs abgrenzen. Insgesamt sind jedoch Hilfe zur Selbsthilfe und Kampf gegen Armut und für bessere Lebensbedingungen weltweit zentrale Grundpfeiler der karitativen Arbeit der vier NPOs.

6.2 Falluntersuchung – empirische Erhebung durch Inhaltsanalyse und Leitfadeninterviews

Eine Herausforderung des empirischen Designs besteht darin, eine Vergleichbarkeit zwischen den Ergebnissen der beiden empirischen Erhebungen zu gewährleisten, um eine Synthese zwischen kommunikativer Nutzung und Nutzungspotenzialen zu ziehen. Da bei der Konzeption der Instrumente für die Inhaltsanalyse und die Befragung das gleiche theoretische Verständnis von Reputationsmanagement zu Grunde liegt und jeweils darauf geachtet wurde, das Konstrukt in einer gleichen Weise zu operationalisieren, kann die Vergleichbarkeit der Ergebnisse gewahrt bleiben. Zwar wurden methodenspezifische Anpassungen vorgenommen[18] und auch die jeweilige qualitative Vorgehensweise bietet Raum für situative Angleichungen. Es stellen jedoch einerseits der aufeinander abgestimmte Aufbau der Erhebungsinstrumente und andererseits die inhaltliche Verknüpfung der Befragung mit den Ergebnissen der Inhaltsanalyse eine Vergleichbarkeit der Ergebnisse sicher.

Um das Zusammenspiel der Methoden der zwei empirischen Erhebungsphasen abzubilden, werden vor der Ergebnisdarstellung die zwei Erhebungsmethoden der Inhaltsanalyse und der Leitfadeninterviews separat vorgestellt, für die Entwicklung der Auswertungsstrategie aus Gründen der Stringenz jedoch miteinander verknüpft.

6.2.1 Erhebungsmethode Qualitative Inhaltsanalyse

Eine systematische, intersubjektiv nachvollziehbare Beschreibung von inhaltlichen und formalen Merkmalen von Texten (vgl. Früh 1991: 24) ist das Ziel einer empirischen Erhebung, die auf die Inhaltsanalyse als Primärverfahren rekurriert. Nach einem theoretisch fundierten Kategorienschema werden forschungsrelevante Informationen im Text identifiziert und im Prozess der Analyse extrahiert (vgl. Gläser/Laudel 2010: 200). Während der Extraktion können bestehende Kategorien sowohl verändert als auch zusätzliche konstruiert werden, was impliziert, dass das

18 Zum Beispiel die Tatsache, dass Monitoring-Aktivitäten zwar eine Kategorie der Fragebogenauswertung darstellen, aber aufgrund ihrer fehlenden Nachweisbarkeit im Untersuchungsmaterial nicht inhaltsanalytisch als Kategorie erfasst werden.

Kategorienschema während der Erhebung stets an die Besonderheiten des individuellen Materials adaptiert werden kann.

6.2.1.1 Konzipierung des Kategorienschemas für die Inhaltsanalyse

Die Konzipierung des Kategorienschemas erfolgt zum einen nach einem deduktiven, theoriegeleiteten Verfahren, zum anderen nach dem induktiven Vorgehen am Material, das Gläser und Laudel (2010: 201) vorschlagen. Die Merkmalsausprägungen zu den einzelnen Kategorien wurden im Verlauf der Erhebung zusätzlich adaptiert und ergänzt, d. h., die Liste der Ausprägungen entwickelte sich im Prozess der Datenextraktion weiter.

Die erhobenen Daten wurden dabei frei verbal beschrieben und die Informationen als Text unter der jeweiligen Kategorie festgehalten. Als theoretische Hauptquellen für die Überführung des Konstrukts Reputation in Kategorien fungierten die Studien von Aula (2011), Yang und Taylor (2010), Waters und Jamal (2011) sowie Inauen und Kollegen (2011) und Masts (2012) Vorschläge für stilistische Kommunikationsstrategien. Aus den in diesen Texten vorgenommenen Operationalisierungen wurde ein Kategorienschema für die Abbildung von Reputationsmanagement auf sozialen Netzwerken entwickelt (siehe Anhang, 12.1). Das Kategorienschema folgt in seinem Aufbau einer Dreigliederung, die sich von der rein formalen Ebene über die inhaltliche Reputationsrelevanz bis zu einer übergeordneten Ebene der UserInnen-Bewertung als reputationsrelevantes Feedback auf spezifische Darstellungsformen und Inhalte ausweitet:

Formale Kategorien: Darstellungsform eines Beitrags auf Social Media
Inhaltliche Kategorien: Reputationsrelevanz und Darstellung von Themen
Evaluative Kategorien: Reaktion, Bewertung, Feedback durch UserInnen

Die formalen Kategorien erheben *Datum, Uhrzeit, Kommunikator, Adressat* und die formale *Darstellungsform* des zu analysierenden Social Media Beitrags, während die inhaltlichen Kategorien im Rekurs auf Aula *Themen, Themendarstellung, Narrationstechnik* und *Beziehungsaufbau* als kommunikative reputationsrelevante

Dimensionen eines Social Media Beitrags erheben. Im Anschluss daran ermitteln die evaluativen Kategorien in Anlehnung an Eisenegger und Imhof (2009: 254) reputationsrelevante Bewertungen in Form von *Resonanz* (z. B. „Like" Markierungen und positive Kommentare) oder *Interaktion* in Form von Fragen und Anbahnung eines weiterführenden Gesprächs (siehe ausführliche Erläuterungen zu Kategorienschema in Anhang, 12.1).

6.2.1.2 Beschreibung des Analysematerials

Die zuvor erwähnten Social Media Beiträge beziehen sich auf Posts bzw. Tweets von *Facebook* und *Twitter*, die damit als Analysematerial fungieren. Da deutsche NPOs vor allem *Facebook* und *Twitter* nutzen (vgl. Lubasch et al. 2010), und diesen damit Reputationsrelevanz zugesprochen werden kann, liegt es nahe, den Forschungsfokus auf diese beiden Social Media Anwendungen zu richten. Überdies ist davon auszugehen, dass sich die Art der kommunikativen Ansprechmodi und damit der Kommunikationsfunktion auf beiden Kanälen unterscheidet: Während Tweets nur 140 Zeichen umfassen, damit in ihrer Textmenge beschränkt sind und ihr Reiz eher in der Prägnanz der Aussagen liegt, ermöglicht *Facebook* längere Aussagen und damit eine Platzierung von komplexeren Inhalten. Diese Unterschiede in der kommunikativen Ansprache versprechen potenzielle Konsequenzen für die kommunikativen Dimensionen zu haben, die im Rahmen einer Inhaltsanalyse erfasst werden können.

Aufgrund ihrer medienspezifischen Besonderheiten (Sjovaag/Stavelin 2012: 2) stellen Social Media Anwendungen besondere Herausforderungen an eine Inhaltsanalyse: Die *Transitorik* der Inhalte, die *Multimedialität*, die *Nonlinearität* sowie die *Digitalisierung* und *Quantität* der Informationen[19] (Welker et al. 2010: 11) erfordern eine detaillierte Bestimmung und Eingrenzung des Untersuchungsmaterials durch die Wahl geeigneter Analyseeinheiten:

---

19 Begriffserklärungen: **Transitorik** = Flüchtigkeit der Inhalte, **Multimodalität** = Vielfalt an medialen Zeichenträgern und Zeichenmodalitäten, **Nonlinearität** = nicht-lineare Struktur durch Verlinkungen auf andere Websites, **Digitalisierung** = elektronische Verfügbarkeit, **Quantität** = schiere Menge an Inhalten (vgl. Welker et al. 2010: 11).

Tabelle 5: Bestimmung der Analyseeinheiten
Quelle: eigene Darstellung

Analyseeinheit	Auswahlprinzip
AE1	Drei zufällig gezogene Tweets und *Facebook* Posts der Organisation pro Woche innerhalb acht zufällig gezogener Wochen

Als Codiereinheit innerhalb der Analyseeinheit werden reputationsrelevante „Codewörter“ identifiziert: Dabei ist zwischen der **expliziten** Erwähnung von Reputation sowie der **impliziten** Bezugnahme durch Worte und Werte, die Reputationsrelevanz besitzen (Vertrauen, Glaubwürdigkeit, Transparenz etc.), zu differenzieren. Ferner manifestiert sich Reputationsrelevanz sowohl in einer **kontextuellen** Dimension (Themen und Botschaften, die z. B. die gemeinnützige Mission ausdrücken) als auch in einer **prozessualen** Dimension (Handlungen wie z. B. der Umgang mit Spendengeldern oder konkrete Unterstützung von Leistungsempfängern). Diese reputationsspezifischen Elemente werden innerhalb der inhaltlichen Kategorie *Themendarstellung* abgefragt und fungierten dort als Filter für die Reputationsrelevanz – liegt keines dieser reputationsspezifischen Elemente vor, wird eine weitere Analyse obsolet, die Kategorie wird dann zwar formal und unter Angaben des Themas erfasst, fällt aber für die weitere Erhebung aus. Zur Kontexteinheit zählen neben Uhrzeit und Thema auch Antworten der Organisation oder einzelner UserInnen auf den ursprünglichen Beitrag. Da diese quasi als Reaktionen aus dem übergeordneten Kontext hervorgehen, werden sie nicht als separate Analyseeinheiten aufgefasst, sondern als Teil des originären Beitrags unter den evaluativen Kategorien *Kommentare* und weitere *Entwicklung des Gesprächsverlaufs* untersucht. Sollten sich nicht der eigentlich Post/Tweet, sondern der kontextuelle Verlauf eines Social Media Beitrags als reputationsrelevant erweisen, wird diese Relevanz durch die genannten Kategorien erfasst.

6.2.1.3 Operative Umsetzung und Protokollierung Inhaltsanalyse

Für die operative Umsetzung der Inhaltsanalyse ist das zuvor erläuterte Kategorienschema von zentraler Bedeutung. Nach seiner Konzipierung erfolgen zunächst mehrere Probecodierungen anhand der *Facebook* und *Twitter* Profile zweier nach dem Zufallsprinzip ausgewählter anderer NPOs aus dem karitativen Spektrum. Dieser Pretest trägt dazu bei, die Anwendbarkeit des Kategoriensystems zu testen und einzelne Kategorien schon im Vorlauf zu optimieren sowie potenzielle Fehlerquellen zu eliminieren. So kann z. B. die Kategorie *Transparenz der Themen* verworfen werden, da die Probecodierungen eine wissenschaftliche reliable Analyse von Transparenz auf Social Media als nicht haltbar herausstellten.

Die empirische Untersuchung erstreckte sich über den Zeitraum vom 4. bis zum 24. Februar 2013. Bei der Auswahl des spezifischen Untersuchungsmaterials wurde auf eine zufällige Stichprobenauswahl zurückgegriffen. Dazu wurden die Kalenderwochen des Jahres 2012 inklusive der Januarwochen sowie der ersten Februarwoche 2013 summarisch auf Karteikarten aufgelistet. Pro Organisation wurden jeweils zwei Wochen aus der Untergruppe „Frühjahr 2012“ (März bis Mai 2012) gezogen, zwei weitere stammten aus dem „Sommer 2012“ (Juni bis August 2012) und aus dem „Herbst 2012“ (September bis November 2012), während die letzten zwei dem „Winter 2012/2013“ (Dezember 2012 bis Februar 2013) entnommen wurden. Durch diese Verfahren wurden saisonale Themenhäufungen, wie z. B. vermehrte Spendenaufrufe bei einer Analyse, die nur den Dezember bzw. die Vorweihnachtszeit abdeckt, die das Ergebnis der Inhaltsanalyse verzerren würden, ausgeschlossen. Die zwei zufällig gewählten Wochen aus den unterschiedlichen Monaten spiegeln Kommunikationsverhalten bzw. Themen und Häufigkeit der Kommunikation auf den Social Media Kanälen *Facebook* und *Twitter* exemplarisch wider und ermöglichen so valide Aussagen.

Für *Facebook* und *Twitter* wurden drei wiederum zufällig gezogene Posts bzw. Tweets in den zwei Wochen pro Saison analysiert, da sich eine Analyse aller Beiträge bei den Probecodierungen aufgrund der sehr unterschiedlichen Nutzungsfrequenz der Organisationen als nicht durchführbar erwies. Twittert *Brot für die Welt* teilweise an die 60 Tweets pro Woche, so zeigen sich andere Organisationen wie z. B. die *SOS Kinderdörfer weltweit* mit etwa zehn Tweets pro Woche deutlich zurückhaltender. Ein Aufnehmen aller Tweets und ebenso *Facebook* Posts würde demzufolge die Ergebnisdarstellung und -interpretation unweigerlich in Richtung der sehr aktiven Organisationen verzerren, weswegen es sinnvoll schien, je drei Tweets und Posts pro Organisation aus den zwei zufällig ausgewählten Wochen zu ziehen und zu analysieren. So bleibt die Menge an aussagekräftigem Analysematerial für alle

Organisationen, unabhängig von der sehr heterogenen Nutzungsfrequenz, gleich und ermöglicht eine komparative Betrachtung der Ergebnisse.

Pro Organisation wurden also 24 Tweets und 24 Posts analysiert, was sich gesamt auf ein Analysematerial von je 96 Tweets und Posts beläuft. Von den 96 Tweets erwiesen sich 35 als nicht reputationsrelevant, d.h. 61 Tweets wurden durchgängig ausgewertet. Von den 96 *Facebook* Posts stellten sich 77 als reputationsrelevant heraus und wurden damit in allen Kategorien erfasst.

Nach der Analyse dieses Datenmaterials und dem Festhalten der extrahierten Daten in dem dafür konzipierten Kategorienschema begann mit der Vorbereitung der Leitfadeninterviews die zweite Phase der empirischen Untersuchung.

6.2.2 Erhebungsmethode Leitfadeninterviews

Ein qualitatives Interview ist, ebenfalls durch den steten Abgleich zwischen Theorie und Material, ein Prozess „permanenter spontaner Operationalisierung" (Nawratil 2009: 327). Die erhaltenen Antworten müssen stets auf den theoretischen Hintergrund zurückinterpretiert werden sowie im Kontext unklar gebliebene Aspekte durch Nachfragen konkretisiert werden. Um in einer solchen flexiblen Gesprächssituation Frageformulierung und -tiefe an den individuellen Befragten anzupassen (vgl. Huber 2006: 34) und unter Umständen auch neue Ansatzpunkte und Perspektiven situativ mit einzubeziehen, sind viele qualitative Befragungen als halbstandardisierte Leitfadeninterviews konzipiert.

6.2.2.1 Konzipierung des Interviewleitfadens

Zwar gibt es einen vordefinierten Fragekatalog, jedoch ist weder Wortlaut noch Reihenfolge der Fragen verbindlich. Sollte es sich aus der Dynamik des Gesprächs ergeben, können spontane Nachfragen gestellt werden. Dennoch erfolgt die Anordnung der Fragen nicht vollkommen willkürlich, sondern nach einzelnen Themenblöcken, die inhaltlich zusammengehörende Aspekte gruppieren und dank dieser Kohärenz einen natürlichen Gesprächsfluss erzeugen sollen (vgl. Gläser/Laudel 2010: 146).

Der dem Anhang beigefügte Leitfaden verfolgt dabei in drei Themenblöcken das thematische Prinzip der Verengung, er geht quasi vom Allgemeinen ins Spezifische (vgl. Nawratil 2009: 328) über, wobei er den befragten ExpertInnen hilft, sich dem Thema nach einer „Anwärmfrage" (ebd.: 147) logisch strukturiert, zunächst auf Basis allgemeiner Reflexionen und dann spezieller Handlungskontexte, anzunähern. Die für die Strukturierung des Interviews ermittelten Themenblöcke sind:

1) **Verständnis von Reputation und Reputationsmanagement**
2) **Kommunikationspraxis des Reputationsmanagements auf Social Media**
3) **Potenziale von Social Media für das Reputationsmanagement**

Die Themenblöcke und die ihnen subordinierten Fragen werden aus der übergeordneten Forschungsfrage sowie der theoretischen Vorarbeit abgeleitet (siehe Leitfaden für die Interviews im Anhang, 12.3). Nach der einleitenden Eisbrecherfrage ermöglicht Themenblock 1 es den ExpertInnen aus den NPOs, sich dem Thema anzunähern und den Begriff Reputation und dessen Bedeutung in der täglichen Kommunikationsarbeit für sich zu bestimmen.

Während danach die operative Umsetzung im Fokus steht, eruiert Themenblock 3 über die Unterfragen nach dem allgemeinen Beitrag von Social Media zum Reputationsmanagement und deren mediumspezifischen positiven und negativen Wirkungsmechanismen mögliche Nutzungspotenziale. Die letzte Frage fordert dazu auf, auf zentrale Aspekte einzugehen, die im Gespräch bis dahin nicht zur Sprache kamen (vgl. Nawratil 2009: 149). Um ein breites Spektrum an Themen abzudecken und dem Kriterium der Spezifität (Merton/Kendall 1979: 178) zu genügen sowie sicherzustellen, dass der Experte individuelle Erfahrungen einbringt, bietet sich an, einige Fragen in Form von „Erzählanregungen" zu formulieren (vgl. Gläser/Laudel 2010: 145). Im beiliegenden Interviewleitfaden (vgl. Anhang 8.3) sind die Erzählanregungen als *Nachfragen* kursiv gedruckt, die Details, die durch die Erzählung erfasst werden sollen und falls nötig nachgefragt werden müssen, sind damit stichpunktartig festgehalten. Bislang nicht berücksichtigte Sachverhalte können dadurch spontan vertieft werden, um von der Perspektive der KommunikationspraktikerInnen auf den zu rekonstruierenden Fall in Gänze zu schließen.

6.2.2.2 Operative Umsetzung und Protokollierung Leitfadeninterviews

Nach der Durchführung der Inhaltsanalyse wurden die Interviews zwischen dem 25. Februar und dem 11. März 2013 als telefonische Gespräche durchgeführt, die jeweils zwischen 20 und 28 Minuten dauerten. In zwei Probeinterviews[20] erwies sich die detaillierte Abfrage von konkreten Nutzungspraktiken wie sprachliche und stilistische Gestaltungstechniken als zu spezifisch, weswegen diese Fragestellung in den später folgenden Interviews bewusst allgemein gehalten wurde, damit die ExpertInnen wichtige Handlungsaspekte ohne Suggestivfrage von alleine reflektieren. War die erste Fragebogenfassung im Hinblick auf die Frage nach der Nutzung zu spezifisch, so erwies sie sich für die Erfassung von Nutzungspotenzialen als zu unspezifisch. Deswegen wurde die Frage durch untergeordnete Fragen nach dem allgemeinen Beitrag von Social Media zum Reputationsmanagement, also möglichen positiven und negativen Wirkungen, operationalisiert. So konnten die ExpertInnen aus einer kurzen Reflexion der Wirkungsrelationen Potenziale ableiten und dabei mögliche, künftige Gestaltungsparameter für die Nutzung von Social Media PR als Kommunikationsinstrument für das Reputationsmanagement aufzeigen.

Die Interviews wurden mit Einverständnis der Befragten aufgezeichnet, lediglich für die spätere Auswertung wurden zentrale Aspekte zusätzlich als schriftliche Notiz festgehalten. Dieses Vorgehen ermöglichte es der Interviewerin, das Gespräch im Fluss zu halten. Um der Dynamik des Interviews als Interaktion zwischen Interviewer und Interviewtem gerecht zu werden, wurden Reihenfolge und Wortlaut[21] der Fragen situativ angepasst, jedoch ohne ein Thema auszulassen. Die anschließende

20 Die Probeinterviews wurden mit zwei der Forscherin bekannten KommunikationsprakikerInnen, die ebenfalls im NPO-Umfeld tätig sind bzw. waren eine Woche vor Beginn der ExpertInneninterviews durchgeführt, um den zeitlichen Ablauf zu eruieren, etwaige Verständnisprobleme zu identifizieren und den Leitfaden ggf. zu optimieren.

21 So bevorzugen einige Befragten durchgehend den Begriff „Reputationssteuerung- oder beeinflussung" anstelle von Reputationsmanagement. Diese Präferenz wird unter

Dokumentation erfolgte in Form einer Transkription des Tonmaterials in Schriftsprache. Die schriftliche Transkription setzte mit der ersten forschungsrelevanten Frage ein. So verblieben die Textmaterialien, aus denen die für die Beantwortung der Forschungsfrage relevanten Aspekte extrahiert werden konnten. Füllwörter, Dialekte und paraverbale Äußerungen wurden dabei nicht berücksichtigt, um die Lesbarkeit der Interviewtranskripte zu vereinfachen (vgl. Meyen et al. 2011: 116).

6.3 Auswertung der erhobenen Daten und Textmaterialien

Als Auswertungsmethode der durch die Inhaltsanalyse erhobenen Daten fungierte die Extraktion der relevanten Informationen nach einem theoretisch abgeleiteten, offenen Kategorienschema. In der zweiten Phase der empirischen Untersuchung kam diese qualitative Inhaltsanalyse als Sekundärverfahren zur Auswertung der durch die Leitfadeninterviews ermittelten Interviewtranskripte zum Einsatz, während sie in der ersten Stufe als Primärverfahren zur Analyse bereits vorliegender Textelemente der Social Media Analyseeinheiten angewandt wurde (vgl. Nawratil/Schönhagen 2009: 338). Eine Vielzahl der hierfür entwickelten Kategorien konnte mit einigen Modifikationen und Ergänzungen[22] auf das Erhebungsinstrument des Kategorienschemas für die Auswertung der Interviewtranskripte übertragen werden (siehe Erläuterungen zu Kategorienschema für die Auswertung der Transkripte Leitfadeninterviews im Anhang, 12.2).

Als Leitprinzip einer Strategie, die Kategorien für eine Auswertung der Inhaltsanalyse und Experteninterviews bildet und die nach diesem Raster extrahierten Informationen in Fallübersichten zusammenführt, beschreibt Schmidt den kontinuierlichen Austauschprozess zwischen „Material und theoretischem Vorver-

dem Verständnis einer synonymen Verwendung durch eine leichte Änderung im Wortlaut durch die Verfasserin berücksichtigt.

22 So fungieren z. B. die in 4.2.2 analysierten Chancen-und Risikopotenziale als theoretische Basis für zusätzliche Auswertungskategorien der Transkripte der Leitfadeninterviews, um die Reflexionen der Experten hinsichtlich der aus Wirkungsrelationen und der Beurteilung von Chancen und Risiken abgeleiteten Nutzungspotenzialen gliedern und interpretieren zu können.

ständnis" (2010: 448). Im Verlauf dieses Prozesses werden theoretische Vorüberlegungen reflektiert, und – wenn nötig – ausdifferenziert und verändert.

Die Auswertungsstrategie führt die Ergebnisse der beiden Erhebungsmethoden in vier Phasen zusammen: Nach der Extraktion, die für beide Methoden zwar getrennt, aber im Rekurs auf ein aufeinander abgestimmtes, theoretisch gestütztes Kategorienschema durchgeführt wird, werden die Ergebnisse separat aufbereitet. Im Schritt der Auswertung werden sie dann schließlich für die abschließende Interpretation und den Fallvergleich zwischen den NPOs aufeinander bezogen und miteinander abgeglichen.

Tabelle 6: Auswertungsstrategie Inhaltsanalyse und Interviewtransskripte
Quelle: eigene Darstellung in Anlehnung an Gläser/Laudel 2010

Phase	Bezeichnung	Vorgehensweise	Ergebnis
Phase 1	*vorbereitende Extraktion*	Konzipierung des theoriengestützten Kategorienschemas für die Inhaltsanalyse und für die Auswertung der Transkripte	Kategorienschema im Anhang
Phase 2	*Extraktion*	Eintrag der aus den Analyseeinheiten extrahierten Daten in das Kategorienschema	Auswertungstabellen gemäß Kategorienschema auf Dateiträger
Phase 3	*Aufbereitung*	strukturierte Zusammenfassung	Tabellen der Ergebnisdarstellung in 6.4
Phase 4	*Auswertung*	Analyse und Rekonstruktion auf die Fälle	Interpretation in Kapitel 6.5 und Kapitel 7

6.4 Darstellung der Ergebnisse der Falluntersuchung

Die durch die Auswertung extrahierten Daten werden im Folgenden vorgestellt, wobei die Ergebnisse der Inhaltsanalyse denen der Befragung vorausgehen und damit die Chronologie der Durchführung der qualitativen Falluntersuchung widerspiegeln. Auf eine Interpretation der Ergebnisse sowie eine kritische Diskussion im Lichte der theoriebasierten Vorannahmen wird beim Schritt der strukturierten Zusammenfassung bewusst verzichtet, um diesen weiteren Erkenntnisschritt im

Rahmen des interpretativen Fallvergleichs sowie der anschließenden Schlussbetrachtung vollziehen zu können.

Da die Auswertung der beiden Erhebungen eine umfangreiche Datenmenge generiert hat, konzentriert sich die Ergebnisdarstellung dezidiert nur auf die Aspekte, die zur Beantwortung des Forschungsinteresses beitragen.

6.4.1 Ergebnisse Inhaltsanalyse

Für die Inhaltsanalyse sind als relevante Daten diejenigen herauszufiltern, die die kommunikative Nutzung von Reputationsmanagement auf Social Media widerspiegeln: Themen und Themenwahl sowie Themendarstellung, Narrationstechnik durch sprachlich-stilistische Mittel und Beziehungsaufbau sind die inhaltlichen Kategorien der Analyse, deren zentrale Ergebnisse im Folgenden für *Twitter* und *Facebook* getrennt vorgestellt werden und für jede der NPOs aufbereitet werden. Damit bereitet diese strukturierte Zusammenfassung die komparative Betrachtung zwischen den NPOs in Kapitel 6.5 vor. Die Darstellung der Nutzung von Social Media PR für das Reputationsmanagement widmet sich dabei zunächst der Erklärung, welche Themen als reputationsrelevant einzustufen und wie diese im Hinblick auf reputationsspezifische Themenelemente typologisiert werden können. Sodann mündet die Illustration zentraler Muster der Themendarstellung in eine Beschreibung relevanter sprachlich-stilistischer Mittel zur Ausschmückung der Themen. Wie diese Aspekte zum kommunikativen Beziehungsaufbau beitragen, wird abschließend aufgezeigt.

6.4.1.1 Twitter Nutzung durch die ausgewählten NPOs

Insgesamt wurden 96 Tweets analysiert, von denen 35 wegen fehlender Reputationsrelevanz für eine vollständige Auswertung obsolet wurden. Die nicht reputationsrelevanten Tweets waren zumeist Event-Ankündigungen, Stellenangebote oder fungierten als News-Ticker aktueller Meldungen zum Weltgeschehen.

Reputation manifestiert sich zumeist *kontextuell* und wird über die erzählten Inhalte, die reputationsrelevante Leistung, Werteeinstellung und Zielerfüllung kommuniziert. Eine Generierung von positiver Reputationsrelevanz ist zum einen über die thematische Darstellung (*kontextuell*), zum anderen durch die Nacherzählung von konkreten Handlungen der Organisation und der sie bereits unterstützenden Stakeholder (*prozessual)*, möglich. Gerade *MISEREOR, Brot für die Welt* und die *Malteser Hilfsdienste* rekurrieren auf eine prozessuale Abbildung von Reputation, wobei sie ihre Taten quasi für sich sprechen lassen. Eine *explizite* Behandlung des Themas Reputation ist für keinen der Tweets festzustellen, auf einer *impliziten* Ebene ist die Demonstration von Transparenz ein Indikator für die Intention, eine gute Reputation nach außen zu spiegeln: So twittert *MISEREOR* z. B. einmal einen Rechenschaftsbericht über die Ausgaben für ein Projekt gegen die Dürre in Uganda.

Insgesamt sind Themen rund um Spendentransparenz und vertrauensvollem Umgang mit Geldern, die a priori reputationsrelevant scheinen, jedoch kaum bis gar nicht zu identifizieren. Vertrauen thematisiert lediglich *Brot für die Welt* in einem Dank an die SpenderInnen, deren finanzielle Unterstützung für das Hilfswerk im Jahr 2012 das zweitbeste Ergebnis aller Zeiten einbrachte. Da solche Tweets jedoch eher Seltenheit sind, ist im Allgemeinen zu konstatieren, dass die bevorzugten reputationsrelevanten Themen der Bericht über die Arbeit in Projekten sowie über Ziele und Leistungen der jeweiligen NPO sind.

Tabelle 7: Selektion von reputationsrelevanten Themen auf *Twitter*
Quelle: eigene Darstellung

Themenwahl	*Brot für die Welt*	*MISEREOR*	*Malteser Hilfsdienste*	*SOS Kinderdörfer*
Typologie der reputationsrelevanten Themen	Dank an SpenderInnen Dank an diverse Anspruchsgruppen, besonders an MitarbeiterInnen und für die Teilnahme an Aktionen Reisen und Projekte in afrikanische Länder als Hilfsauftrag und Leistung	Stellungnahme zu Fehlhandeln in Industrie und Politik Bericht über Hilfsmaßnahmen in Entwicklungsländern Reisen zu Partnern vor Ort in den Entwicklungsländern	Aktionen wie z. B. Kulturbegleitdienst für Senioren oder Weihnachtsbesuche in Seniorenheimen Aktionen und Hilfsangebote rund ums Thema Demenz Leistung und Hilfe für kranke und arme Menschen	Geschichten aus Kinderdörfern Geschichte, Gründung und Entwicklung der Kinderdörfer Aktionen und Leistungen für Unterstützung der Kinderdörfer Patenschaften für SOS Kinder
Selektionskriterien	Erfolg von Aktionen und Veranstaltungen als Beweis von Kompetenz und Expertise relevante Unterstützung durch Anspruchsgruppen Zielsetzungen und Handlungen zur Bekämpfung von Not und Elend zur Legitimation der eigenen Mission	gesellschaftliche Relevanz von Themen (z. B. Klimakonferenz Doha) Skandalisierungsfaktor von Themen (z. B. Strafanzeige Nestle) Zielsetzungen und Handlungen zur Bekämpfung von Not und Elend zur Legitimation der eigenen Mission	Erfolg von Aktionen und Veranstaltungen Beweis von Kompetenz und Expertise Informationen und News um Kernthema Demenz als Beweis von Expertise konkret erbrachte Leistungen zur Zielerreichung als Kompetenzbeweise	Ereignisse in Ländern und Auswirkungen auf Kinderdörfer vor Ort Exemplarische Einzelschicksale von Kindern Emotionalisierungsfaktor der individuellen Schicksale konkret erbrachte Leistungen zur Zielerreichung als Kompetenzbeweise

Themenwahl	*Brot für die Welt*	*MISEREOR*	*Malteser Hilfsdienste*	*SOS Kinderdörfer*
Reputationsspezifische Themenelemente	*kontextuell*, teilweise *prozessual*	*kontextuell*, teilweise *prozessual*	*kontextuell*, teilweise prozessual	*kontextuell*

Wie dieser Überblick zeigt, kristallisieren sich für die vier NPOs unterschiedliche Selektionskriterien der Themenwahl heraus, die eine individuelle Akzentsetzung in der Darstellung von Reputationsrelevanz auf *Twitter* widerspiegeln. Dabei ist eine spezifische Beschäftigung mit dem Thema Reputation, die dezidiert aufgreift, warum eine Organisation vertrauenswürdig ist, auszuschließen. Vielmehr entsteht Reputationsrelevanz durch den Kontext und die in diesen referierte Handlungen. Typologisch lassen sich reputationsrelevante Themen dabei organisationsübergreifend in folgende Cluster gliedern: *Dank an Anspruchsgruppen, Erfolg von Aktionen, Stellungnahmen zu gesellschaftlichen Missständen und Problemsituationen, Projekte in den unterstützten Ländern, Leistungen und Zielsetzung sowie Zielerreichung, Geschichten rund um Leistungsempfänger*. Diese typologischen Themencluster finden sich dementsprechend in dem Setzen des inhaltlichen Fokus und des Timings der Themendarstellung wider.

Tabelle 8: Themendarstellung *Twitter*
Quelle: eigene Darstellung

Themendarstellung	*Brot für die Welt*	*MISEREOR*	*Malteser Hilfsdienste*	*SOS Kinderdörfer*
Fokus	Fakten zu Problemsituationen Personen als Handlungsträger Ereignisse und Aktionen	Fakten zu Problemsituationen und Lösungsbeitrag Ereignisse und Aktionen	Fakten zu Problemsituationen und Lösungsbeitrag Ereignisse und Aktionen	Personen, Problemsituationen und deren Lösung Ereignisse und Aktionen

Aktualität und Timing	aktuelle News aus der Organisation, in Konsonanz zur aktuellen Medienagenda Nachberichterstattung nach Ereignis	aktuelle News über die Organisation Nachberichterstattung nach Ereignis	aktuelle News über die Organisation Nachberichterstattung nach Ereignis	Konsonanz zur aktuellen Medienagenda „Jahrestage" und historische Daten Nachberichterstattung nach Ereignis

Da Reputationsrelevanz unter anderem durch Erfolgsmeldungen und Berichte über Hilfsmaßnahmen zur Zielerreichung entsteht, stehen häufig Ereignisse und Aktionen sowie positive aktuelle News aus der und über die Organisation im Fokus der erzählerischen Themendarstellung. Neben dem Rückgriff auf Neuigkeiten und den Anschluss an in den Medien diskutierten Themen nutzen vor allem die *SOS Kinderdörfer* weltweit die Möglichkeit, Jahrestage aus der eigenen Geschichte aufzugreifen und Wissensbestände rund um die Organisationen thematisch zu verknüpfen.

Um Beziehungsgeflechte oder „Stories" aus der Organisationsvita zu veranschaulichen, wird allerdings auf *Twitter* selbst das stilistische Element der Visualisierung nicht eingesetzt, sondern auf weiterführende Links ausgelagert. Auch rhetorische Stilmittel werden eher spärlich genutzt. Weitere zentrale Ergebnisse zur sprachlich-stilistischen Umsetzung der Kommunikation fasst die folgende Tabelle zusammen.

Tabelle 9: Narrationstechnik *Twitter*
Quelle: eigene Darstellung

Narrationstechnik	*Brot für die Welt*	*MISEREOR*	*Malteser Hilfsdienste*	*SOS Kinderdörfer*
Kommunikationsstil	erzählend **Stilmittel:** Ironie, Wortspiel und emotionale Sprache durch Ausrufe und stilistische Emotionsmarker[23]	berichtend	berichtend	erzählend und berichtend **Stilmittel:** Trikolon, Wortspiel und Klima
Kommunikationsstrategie	ereignis- und gefühlszentriert	ereignis- und handlungszentriert	wissens-und handlungszentriert	zwischen handlungs- und gefühlszentriert
Visualisierung	keine	keine	keine	keine
Reputationsrelevanter Narrationsmodus	*Reputation as relationships*	*Reputation as position*	*Reputation as relationships*	*Reputation as symbolic capital*

Auf der Ebene des gewählten Narrationsmodus wird einer positiven Reputation zumeist durch die erzählerische Darstellung der Beziehungen zu den Anspruchsgruppen Ausdruck verliehen. Im Mittelpunkt steht damit häufig das Erzählen von Geschichten rund um zwischenmenschliche Beziehungen. Diese Beziehungsorientierung auf der narrativen Ebene korrespondiert jedoch nicht mit dem Beziehungsaufbau mit UserInnen und Anspruchsgruppen auf *Twitter*. So ist festzuhalten, dass sich für keine der insgesamt 24 Analyseeinheiten pro Organisation ein Ergebnis in der Kategorie 11 *Interaktion* verzeichnen lässt: Mangels fehlender Kommentare (K10 *Resonanz)* bahnt sich keine Weiterentwicklung des Gesprächs auf *Twitter* an, die Symmetrie der Kommunikationsrichtung verbleibt somit auf einem einseitigen Niveau. Zwar lässt sich ein eher spontanes und oberflächliches Bekunden von Interesse und positiver Resonanz in Form von Retweets oder der Markierung des Tweets als Favoriten konstatieren, jedoch bewegt sich auch die quantitative Anzahl dieser

23 Dazu zählen umgangssprachliche Ausrufe wie „Hossa!“ und den Usus, das Wort „Danke“ stilistisch zu markieren als **DANKE**.

Feedback-Option im überschaubaren Bereich mit einer Favorit-Markierung für *Brot für die Welt,* zwei Favorit-Markierungen und einem Retweet für *Misereor* und einem Retweet für die *Malteser*. Die *SOS Kinderdörfer weltweit* verzeichnen eine höhere Retweet-Frequenz mit z. B. 6 Retweets oder zwei Retweets.

Was die direkte Kontaktaufnahme bzw. den Beziehungsaufbau zu den UserInnen betrifft, so sendet *Brot für die Welt* einen personalisierten Tweet an *@Wolf1248*, um diesem persönlich für ein ausgesprochenes Lob zu danken. Ansonsten wird die Möglichkeit, eine spezifische Zielperson zu kontaktieren, nicht genutzt. Die Ansprache einer nicht näher eingegrenzten Zielgruppe wird von allen Organisationen mehrheitlich durch die Kommunikationsfunktion der Information unterstützt. Versuche der Persuasion und des Appells sind in geringem Maße zu verzeichnen, häufiger liegt die Funktion des Danks für Unterstützung in Form von ehrenamtlichem Engagement oder Spenden vor.

Tabelle 10: Beziehungsaufbau *Twitter*
Quelle: eigene Darstellung

Beziehungsaufbau	*Brot für die Welt*	*MISEREOR*	*Malteser Hilfsdienste*	*SOS Kinderdörfer*
Formalität	Duzen der UserInnen, lockere mündliche Ansprache	Duzen der UserInnen, Schriftsprachenniveau	Duzen der UserInnen	Duzen der UserInnen
Personalisierung	mittel bis stark, direkte Ansprache der Unterstützer auf **Adressatenebene**	schwach, ein personalisierter Tweet auf **Kommunikatorebene**	mittel bis stark, Bezug auf Ehrenamtliche und Unterstützer auf **Adressatenebene**	mittel bis stark, Bezug auf Schicksal der Kinder auf **Inhaltsebene**
Kommunikationsfunktion	Information und Dank	Information	Information	Information
Kommunikationsintention	Demonstration von Verantwortungsübernahme	Demonstration von Engagement und Verantwortungsübernahme und Kompetenz	Demonstration von Engagement und Verantwortungsübernahme	Demonstration von Engagement und emotionale Ansprache

Beziehungs-aufbau	*Brot für die Welt*	*MISEREOR*	*Malteser Hilfs-dienste*	*SOS Kin-derdörfer*
Reputations-dimension	*sozial-kognitiv*	*sozial-kognitiv funktional-kog-nitiv*	*sozial-kognitiv*	*sozial-kognitiv emotional-affektiv*

Wie Tabelle 11 zeigt, verfolgt die Kommunikation auf *Twitter* fast ausschließlich die Funktion, die UserInnen zu informieren und damit die Intention, das Engagement bzw. die aktive Verantwortungsübernahme für die eigenen Ziele abzubilden. Dies tangiert die *sozial-kognitive* Dimension der Reputation. Emotionale Attraktivität und Nachweise von Kompetenz und Leistungserfüllung, die *emotional-affektive* und *funktional-kognitive* Dimension von Reputation, werden von *MISEREOR* und *SOS Kinderdörfer* zwar kommunikativ vermittelt, jedoch in geringerem Ausmaße als die auch hier dominante Dimension der sozialen Verantwortungsübernahme und Pflichterfüllung.

Die reputationsrelevante Funktion des Beziehungsaufbaus durch Dialog wird demzufolge auf *Twitter* nicht erreicht, da die Informationsfunktion durch kurze Inhalte über Leistungen und Projekte dominiert. Reputationsrelevanz wird eben durch diese Inhalte kommuniziert, obwohl, wie bereits gezeigt, nicht jedes Thema dazu geeignet ist, reputationsspezifische Aspekte zu transportieren.

6.4.1.2 Facebook Nutzung durch die ausgewählten NPOs

Für die Posts auf *Facebook* ist mit 77 reputationsrelevanten Beiträgen von insgesamt 96 Posts insgesamt eine häufigere themenspezifische Reputationsrelevanz zu verzeichnen. Allerdings gehen auch hier vereinzelt Items nicht in die weitere Analyse ein, da sie einfache Grußformeln an die Community beinhalten sowie auf Events, Aktionen oder andere nicht reputationsspezifische Inhalte verweisen.

Reputationsspezifische Themenelemente manifestieren sich auch auf *Facebook* über die konkrete Beschreibung von Handlungen für die oder von Organisation sowie über wert- und zielorientierte Kontexte. Einen expliziten Bezug auf die Einschätzung der Außenwahrnehmung und damit auf die Reputation findet sich nur in einem Post der *Malteser Hilfsdienste,* in dem der Stadtbeauftragte der Bruchsaler Malteser über die Auswirkungen des neuen Engagements in der Suchthilfe reflektiert: So würde diese neue Aufgabe dazu beitragen, dass die *Malteser* „noch einmal ganz anders" wahrgenommen werden.

Implizit reputationsrelevant ist hingegen der Bericht über eine interne Optimierungsmaßnahme namens „Philermo-Prozess", in dem die Mitarbeiter sich auf gemeinsam erarbeitete Qualitätsmerkmale für die Verbesserung von Arbeitsprozessen innerhalb der *Malteser* einigen. Ein Fehler im Arbeitsprozess der Hausbank der *Malteser* wird in einem weiteren Post offengelegt: Da sich das doppelte Abbuchen von Mitgliedsbeiträgen als reputationsschädlich erweisen könnte, gewinnt dieses Thema eine explizite Reputationsrelevanz. Durch eine transparente Aufdeckung des Fehlers, eine Entschuldigung und die Zusicherung, das Geld wieder zurückzubuchen, wird im *Facebook* Post ein größerer Reputationsschaden abgewandt. Transparenz wird auch von *MISEREOR* als implizites Mittel zur Reputationsbeeinflussung benutzt, da z. B. Ausgaben und damit erreichte Ziele in Uganda präzise beschrieben werden und in einem weiteren Post der Verweis folgt, *MISEREOR* habe den dritten Platz im Transparenzwettbewerb der *PWC* gewonnen. Einen umfassenden Überblick über weitere reputationsrelevante Themen bietet die folgende Tabelle.

Tabelle 11: Selektion von reputationsrelevanten Themen auf Facebook
Quelle: eigene Darstellung

Themenwahl	*Brot für die Welt*	*MISEREOR*	*Malteser Hilfsdienste*	*SOS Kinderdörfer*
Typologisierung der reputationsrelevanten Themen	Dank an SpenderInnen und Partnerorganisationen für ihr Engagement Kampagnen, z. B. gegen C02 Emissionen oder „Marmelade für alle" Projekte in afrikanischen Ländern als Hilfsauftrag und Leistung	Stellungnahme zu Fehlhandeln in Industrie, Politik und zu gesellschaftlichen Missständen Kampagnen wie „Deine Stimme gegen Armut" oder „Wir haben den Hunger satt" Bericht über Hilfsmaßnahmen in Entwicklungsländern	Aktionen wie z. B. Nikolausaktion Aktionen und Hilfsangebote rund ums Thema Demenz und Hospizarbeit Bedeutung des Ehrenamts als Leistung und Hilfe für kranke und arme Menschen	Geschichten aus Kinderdörfern Geschichte, Gründung und Entwicklung der Kinderdörfer Aktionen und Leistungen für Unterstützung der Kinderdörfer, z. B. Spendenmarathon Patenschaften für SOS Kinder und Dörfer
Selektionskriterien	Erfolg von Aktionen und Veranstaltungen als Beweis von Kompetenz und Expertise relevante Unterstützung durch Anspruchsgruppen Zielsetzungen und Handlungen zur Bekämpfung von Not und Elend zur Legitimation der eigenen Mission	gesellschaftliche Relevanz von Themen (z. B. Frauenrechte) Skandalisierungsfaktor von Themen (z. B. Strafanzeige Nestle) Zielsetzungen und Handlungen zur Bekämpfung von Not und Elend zur Legitimation der eigenen Mission	Erfolg von Aktionen und Veranstaltungen als Beweis von Kompetenz und Expertise Informationen und News um das Kernthema Demenz und Hospizarbeit als Beweis von Kompetenz konkret erbrachte Leistungen zur Zielerreichung zur Legitimation und als Kompetenzbeweis	Ereignisse in Ländern und Auswirkungen auf Kinderdörfer vor Ort exemplarische Einzelschicksale von Kindern Emotionalisierungsfaktor der individuellen Schicksale Unterstützung durch berühmte Testimonials konkret erbrachte Leistungen zur Zielerreichung und Legitimation als Kompetenzbeweise

Themenwahl	*Brot für die Welt*	*MISEREOR*	*Malteser Hilfsdienste*	*SOS Kinderdörfer*
Reputationsspezifische Themenelemente	*kontextuell*, teilweise *prozessual*	*kontextuell*, teilweise *prozessual*	*kontextuell* und *prozessual*	*kontextuell* und *prozessual*

Insgesamt ist abzulesen, dass die Selektion von reputationsrelevanten Themen in etwa den gleichen Kriterien folgt wie auf *Twitter*, allerdings fällt auf, dass hier häufig ein Bezug auf aktuelle Kampagnen erfolgt, wie z. B. bei *MISEREOR* auf die derzeit laufende Kampagne „Wir haben den Hunger satt“. Ebenso besteht mehr Raum für die Spezifizierung von Themen: So ist ersichtlich, dass die Hospizarbeit, das Ehrenamt und die Wertschätzung der Menschen, die dieses mit Leben füllen, ein wichtiger Aspekt der Reputationsdarstellung der *Malteser Hilfsdienste* ist. So wird gerne über die Leistung und das unermüdliche Engagement der Ehrenamtlichen berichtet. Der Rekurs auf das direkte Organisationsumfeld ist hier besonders ausgeprägt, zeichnet sich jedoch auch bei den drei anderen NPOs ab.

Themen sind häufig als aktuelle News aus der und über die Organisation konzipiert und greifen häufig medial diskutierte Ereignisse auf. Ein thematischer Bezug auf Feiertage und Jährungen organisationsrelevanter Ereignisse wie beispielweise der 11. März 2012 als erster Jahrestag des Tsunamis in Japan ist dabei ebenso möglich. Vor allem die *SOS Kinderdörfer weltweit* greifen häufig auf Daten aus Zeit -und Organisationsgeschichte zurück, wie z. B. im Rückblick auf die offizielle Eröffnung des Kinderdorfs in Kapstadt am 25. Mai 1996.

Tabelle 12: Themendarstellung *Facebook*
Quelle: eigene Darstellung

Themen-darstellung	*Brot für die Welt*	*MISEREOR*	*Malteser Hilfs-dienste*	*SOS Kinder-dörfer*
Fokus	Fakten zu Prob-lemsituationen und Personen Ereignisse und Aktionen	Fakten zu Prob-lemsituationen und Lösungs-beitrag Ereignisse und Aktionen	Fakten zu Prob-lemsituationen und Lösungs-beitrag Personen bei Ereignissen und Aktionen	Personen und Fakten in Problem-und Lösungssituati-onen
Aktualität und Timing	aktuelle News aus der Orga-nisation mit „saisonalem“ Bezug Nachberichter-stattung nach Ereignis	aktuelle News über die Organi-sation, teilweise in Konsonanz zur aktuellen Medienagenda Saisonaler Bezug und Jahrestage	aktuelle News über die Organi-sation	Konsonanz zur aktuellen Medienagenda „Jahrestage“ und historische Daten

So wird dementsprechend der Narrationsmodus, der Reputation mit Geschichten und Assoziationen rund um die Organisation verknüpft (*Reputation as symbolic capital)*, von allen Organisationen bedient. Dies spiegelt sich auch darin wider, dass häufig der erzählende Stil gewählt wird. Dadurch erfolgt der Einsatz von rhetorischen Stilmitteln, wie die exemplarische Darstellung der wichtigsten Stilmittel in der folgenden Tabelle zeigt, auch wesentlich öfter als auf *Twitter.* Häufig werden dabei Stilmittel verwendet, die das Erzählen von Geschichten unterstützen und anschaulicher gestalten, wie z. B. eine klimaktische und damit Spannung steigernde Aufzählung von drei Elementen (Trikolon) oder emotionale Ausrufe. Wortspiele und eine hintergründige Symbolik, wie z. B. die Gleichsetzung von Feuer mit der Leidenschaft, dem „Brennen“ des Hilfswerks *Brot für die Welt* für seine Ziele und Ideale, tragen ebenfalls zur Ausschmückung von Erzählungen rund um die Organisation bei.

Tabelle 13: Narrationstechnik *Facebook*
Quelle: eigene Darstellung

Narrationstechnik	*Brot für die Welt*	*MISEREOR*	*Malteser Hilfsdienste*	*SOS Kinderdörfer*
Kommunikationsstil	erzählend **Stilmittel:** Ausruf, Wortspiel, Onomatopoetika und Emotionsmarker[24]	zwischen berichtend und erzählend **Stilmittel:** Ausruf, rhetorische Fragen, Wortspiel, Trikolon, Anapher	berichtend, sogar Aufbau wie Zeitungsbericht **Stilmittel:** Ausruf, Symbolik, Trikolon, Emotions-Marker[25], Wortspiel	erzählend **Stilmittel:** asyndetische Aufzählung, Klimax, Trikolon, Antithese, Wortspiel
Kommunikationsstrategie	ereignis-und gefühlszentriert	ereignis- und handlungs- und wissenszentriert	wissenszentriert handlungszentriert	wissenszentriert gefühls- und handlungszentriert
Visualisierung	Visualisierung durch Bilder von LeistungsempfängerInnen (häufig Mütter und Kinder) und Aktionen	Schwächere Visualisierung in unterschiedlicher Form: kleines Foto im Link, Plakate, Landkarten, MitarbeiterInnen	Visualisierung durch Bilder von LeistungsempfängerInnen oder den Maltesern bei ihrer Arbeit in Aktionen/Projekten	Visualisierung durch Bilder von Kindern
Reputationsrelevanter Narrationsmodus	*Reputation as relationships*	*Reputation as position*	*Reputation as relationships*	*Reputation as symbolic capital*

Was die gewählten Kommunikationsstrategien betrifft, so divergieren diese zwischen ereignis-, wissens- und handlungszentriert. *Brot für die Welt* und die *SOS*

24 Dazu zählen die Schreibweise von „Danke" als DANKE und lautsprachliche Wendungen wie „Mhhhmmm".
25 Dazu zählen die Schreibweise von „herzlich" als „<3-lich" und *g* für „grins".

Kinderdörfer weltweit verfolgen außerdem eine gefühlszentrierte Strategie. Im Gegensatz zu *Twitter* ist jedoch eine stärkere Resonanz der angesprochenen UserInnen in Form von „Gefällt mir" Klickraten und positiven bzw. weiterführenden Kommentaren abzulesen: So erhalten beispielsweise die *SOS Kinderdörfer* weltweit zwischen 44 und 305 „Gefällt mir" Klicks pro Post, die mit einigen positiven Kommentaren versehen werden. Die *Malteser Hilfsdienste* ziehen „Like" Bewertungen im Bereich von fünf bis 78 auf sich, während den Organisationen *Brot für die Welt* und *MISEREOR* im Kontinuum von durchschnittlich 15 bis 35 „Like" Markierungen bleiben. Kommentare sind bei den letztgenannten drei Organisationen eher selten zu finden.

Da die Organisationen in einigen Fällen auf Kommentare eingehen, entwickelt sich das Gespräch bisweilen im Kontext weiter, die Symmetrie der Kommunikationsrichtung wechselt damit von einseitig auf zweiseitig über. Zumeist werden dabei SpenderInnen und potenzielle SpenderInnen bzw. Unterstützer, Mitglieder und MitarbeiterInnen der Organisation adressiert. Weitere Besonderheiten des Beziehungsaufbaus auf *Facebook* illustriert die folgende Tabelle:

Tabelle 14: Beziehungsaufbau *Facebook*
Quelle: eigene Darstellung

Beziehungsaufbau	*Brot für die Welt*	*MISEREOR*	*Malteser Hilfsdienste*	*SOS Kinderdörfer*
Formalität	Duzen der UserInnen und sehr lockere Ansprache[26]	Duzen der UserInnen	oft keine direkte Ansprache Changieren zwischen „Sie" und „du"	Duzen der UserInnen

26 Beispiele dafür „Und, wie funktionierts?" oder „Habt ihr euch ertappt?"

Beziehungs-aufbau	*Brot für die Welt*	*MISEREOR*	*Malteser Hilfsdienste*	*SOS Kinderdörfer*
Personalisierung	mittel bis stark auf **Adressatenebene** durch Ansprache der SpenderInnen	mittel bis stark auf **Kommunikatorenebene** Selbstbezug auf *Misereor* auf **Adressatenebene** Ansprache der Unterstützer	mittel bis stark auf **Adressatenebene** Bezug auf Ehrenamtliche und Unterstützer auf **Inhaltsebene** Bezug auf LeistungsempfängerInnen	mittel bis stark auf **Inhaltsebene** durch Bezug auf Kinder als LeistungsempfängerInnen
Kommunikationsfunktion	Information	Information und Appell	Information	Information und Persuasion
Kommunikationsintention	Demonstration von Verantwortungsübernahme und emotionale Ansprache	Demonstration von Engagement und Verantwortungsübernahme	Demonstration von Engagement, Verantwortungsübernahme sowie Kompetenz und Leistung	Demonstration von Engagement, Kompetenz und emotionale Ansprache
Reputationsdimension	*sozial-kognitiv* *emotional-affektiv*	*sozial-kognitiv*	*sozial-kognitiv, funktional-kognitiv*	*sozial-kognitiv* *emotional-affektiv* *funktional-kognitiv*

Im Gegensatz zu *Twitter* werden auf *Facebook* neben der *sozial-kognitiven* Dimension auch die *emotionale-affektive* und *funktional-kognitive* Dimension wesentlich öfter berührt. Es wird die Intention verfolgt, Zielgruppen zu zeigen, mit welcher Kompetenz eine Organisation spezifische Leistungen erbringt, um ihrer Pflichterfüllung und ihrem sozialen Engagement nachzukommen. Dabei schwingt jedoch auch die Absicht mit, mit der Kommunikation an Gefühle zu appellieren, die UserInnen auch emotional für die Aufgaben und Projekte zu begeistern. Dafür werden die von *Facebook* offerierten Optionen der Visualisierung genutzt, um durch Bilder Geschichten zu erzählen.

Insgesamt fällt auf, dass die Ergebnisse der Inhaltsanalyse für *Facebook* deutlich öfter unterschiedlich ausfallen als für *Twitter:* So werden nicht nur häufiger andere Themen und Modi der Themendarstellung, sondern auch – je nach Thema – variierende Narrationstechniken eingesetzt. Über die reine Ebene des Informationstransfers wird dabei auch versucht, an das Verhalten der adressierten UserInnen zu appellieren, sie von der Notwendigkeit eines Themas oder einer Handlung zu überzeugen oder Dialogangebote zu offerieren. Da die so Angesprochenen auch deutlich öfter mit Resonanzbekundungen, Kommentaren und Fragen reagieren, wird *Facebook* aktuell häufiger als *Twitter* genutzt, um mit Zielgruppen ins Gespräch zu kommen.

6.4.2 Ergebnisse Leitfadeninterviews

Diese Unterschiede in der Nutzung, die besonders den Grad der Interaktion betrifft, werden auch von den befragten KommunikationsexpertInnen in den jeweiligen Organisationen beschrieben. Bevor dezidiert auf die Reflexion von Nutzungspotenzialen und Gestaltungsparametern eingegangen werden kann, ist es notwendig, den aktuellen Stand der Nutzung aus Perspektive der Kommunikationsverantwortlichen zu beleuchten.

6.4.2.1 Nutzung von Social Media PR

Wie die Ergebnisdarstellung in Tabelle 16 zeigt, bleiben die Aussagen zur *Twitter* Nutzung auf knappe und wenig detaillierte Aussagen beschränkt. Während ein Experte die Nutzung mit dem Verweis auf eine ohnehin geringe Aktivität kommentiert (vgl. S),[27] betonen die ExpertInnen B und MA *Twitter* vornehmlich für die Übermittlung von kurzen und aktuellen News und Informationen zu nutzen. Das „kurz gehaltene Anteasern von Neuigkeiten“ zielt nach der Expertin MA dabei auf Zielgruppen wie Stakeholder, Multiplikatoren, besonders aber auf JournalistenInnen. *Twitter* fungiert vor diesem Hintergrund nach Aussage des Experten B als „In-

27 Die Buchstabenkürzel beziehen sich auf den jeweils zitierten Experten, der durch das Kürzel der Organisation (B=*Brot für die Welt*, MA=*Malteser Hilfsdienste*, MI=*MISEREOR*, S=*SOS Kinderdörfer)* umschrieben wird. In diesem Fall spricht mit Experte S also einer der Interviewten der *SOS Kinderdörfer weltweit*. Die Zitate der zwei befragten Männer und der befragten Dame aus den *SOS Kinderdörfern* fließen in das verallgemeinernde Kürzel Experte S ein.

formations-Trigger", es geht vielmehr um eine Abo-Dienstleistung, „als tatsächlich in so einen ausufernden Dialog einzusteigen", wie Expertin MA pointiert formuliert. Da dieser nach den Ergebnissen der Inhaltsanalyse so auch für nicht *Twitter* zu konstatieren ist, gehen die Aussagen hier mit den erhobenen Analysedaten konform. Auch die Beschreibung von *Twitter* als reines Informationsmedium korrespondiert mit der durch die Inhaltsanalyse erhobenen Kommunikationsfunktion der Information. Die zögerliche Reflexion sprachlicher Mittel entspricht diesem Fokus auf einen informierenden Stil.

Tabelle 15: Angaben zur *Twitter* Nutzung
Quelle: eigene Darstellung

Nutzung *Twitter*	**Themen**	**Sprachlich-stilistische Mittel**	**Kommunikative Funktion Beziehungsaufbau**
Experte B	kurze, aktualitätsbezogene Infos in 140 Zeichen	-	Informations-Trigger für JournalistenInnen, Multiplikatoren, Stakeholder in Partnerorganisation, Kirchen und Politik
Experte MI	die gleichen Inhalte wie bei *Facebook* in 140 Zeichen	milieuspezifische Kommunikation in Abhängigkeit von Zielen und Zielgruppen	Zielgruppenmarketing, gesellschaftlicher Dialog
Expertin MA	allgemeine News	-	Abo-Dienstleistung für JournalistenInnen
Experte S	Themenvielfalt	gemischt	Abo-Dienstleistung für JournalistenInnen wenig aktiv

Der externe Branchenexperte BE beschreibt, an den Charakter von *Twitter* als Informations-Anteaser anknüpfend, diese Social Media Anwendung für NPOs als „Push-Medium", das nicht auf Community Management im Sinne von Dialog und Interaktion ausgerichtet ist: „Also auf *Twitter* gibt es ja ganz wenige Organisationen, die jetzt wirklich auf Interaktion abzielen." Eine Interaktion mit Zielgruppen sehen die ExpertInnen für *Facebook* allerdings gegeben: So benennt Experte MI die hohe Anzahl an „Likes" als Zeichen einer grundsätzlichen Interaktion, während

Kollege B für *Facebook* eine gesteigerte Viralität und Interaktivität konstatiert. Expertin MA untermauert diese Feststellung ihrerseits durch den Bezug auf konkrete Nutzungsdaten und führt dies auf Anwendungsspezifika des Tools zurück: „Das ist deutlich eher auf Interaktion ausgerichtet, dadurch dass Sie eben schnell mal kommentieren können, ganz schnell Ihre Zustimmung signalisieren können mit dem ‚Gefällt mir' Button. Selber auch Links posten können." Mit dem argumentativen Bezug auf die mediumspezifischen Besonderheiten liefert sie damit eine Interpretationsbasis für die intensivere *Facebook* Nutzung, die auch durch die Ergebnisse der Inhaltsanalyse bestätigt wurde. Auch Tabelle 17 zeigt eine differenzierte Darstellung von Nutzungsmustern, die zu den Ergebnissen der Inhaltsanalyse passen.

Tabelle 16: Angaben zur *Facebook* Nutzung
Quelle: eigene Darstellung

Nutzung *Facebook*	Themen	Sprachlich-stilistische Mittel	Kommunikative Funktion Beziehungsaufbau
Experte B	niedrig-schwellig und breit aufgestellt	keine fachliche Sprache, Verständlichkeit	Information und Persuasion von Endkunden, v.a. SpenderInnen
Experte MI	Themen und Botschaften von Relevanz für die UserInnen	milieuspezifische Kommunikation in Abhängigkeit von Zielen und Zielgruppen, Visualisierung durch Videos	Zielgruppenmarketing, gesellschaftlicher Dialog
Expertin MA	erfolgreiche Aktionen	-	Information für Ehrenamtliche
Experte S	Themenvielfalt	Visualisierung	Information für PrivatspenderInnen

Wie aus der Tabelle hervorgeht, favorisiert die Mehrheit der Befragten eine ausgewogene Themenvielfalt. Nur Expertin MA betont, der Fokus liege auf der Darstellung von erfolgreichen Aktionen. Im Hinblick auf die sprachlich-stilistische Gestaltung setzt Experte B auf eine verständliche Sprache. Als weitere Mittel zur anschaulichen Darstellung der Inhalte zählen laut den Experten S und MI Visualisierungen durch Bilder, Grafiken oder Videos. Beziehungsaufbau läuft im Wesentlichen durch Information der eigenen Ehrenamtlichen und anderer Stakeholder (vgl. MA), sowie insbesondere der SpenderInnen ab (vgl. B; S). Dennoch verbleibt die Kommunikation nicht auf einer einseitigen Ebene des Informationstransfers, da die Befragten – zumindest auf *Facebook* – Rückmeldungen von UserInnen bekommen: „Also speziell jetzt bei *Facebook,* bei anderen Plattformen eher weniger, kann man innerhalb von zwei, drei Minuten ein Feedback dazu erhalten, wie gut Themen ankommen", resümiert Experte S. Auch Expertin MA konstatiert viele positive Meldungen, während Experte MI angibt, negative Rückmeldung auch zu nutzen, um sich mit potenziellen Kritikpunkten auseinanderzusetzen. Zwar könnte der Dialog auf Social Media noch besser sein (vgl. B), doch helfen die wahrgenommenen Feedback-Möglichkeiten nach Meinung von Experte S zu erkennen, wie UserInnen „über die Marke denken und wie sie sie sehen", um Rückschlüsse über die Reputation zu ziehen. So bieten nach dieser Aussage der Umgang und die Auswertung von Kommentaren einen ersten, reputationsrelevanten Mehrwert von Social Media.

6.4.2.2 Relevanz von Social Media PR für Reputation und Reputationsmanagement

Über den Beitrag von Social Media PR zum Reputationsmanagement befragt, gibt Experte B an, es sei wichtig, die UserInnen auf dem Rückkanal, den Social Media bildet, ernst zu nehmen und damit zur Reputation beizutragen und sie auszubilden. Der Social Media Branchenexperte für NPOs reflektiert ebenfalls auf der Ebene der zwischenmenschlichen Beziehungen und bezieht sich dabei auf die Spezifika von Social Media: „Und Vertrauen hat viel mit Transparenz zu tun und die lässt sich in sozialen Netzwerken gut darstellen." Jenes Vertrauen, dessen Aufbau der Branchenexperte als reputationsrelevanten Beitrag von Social Media charakterisiert, wird auch von den ExpertInnen aus den NPOs immer wieder als Teildimension von Reputation genannt: Vom „Grundvertrauen in eine Organisation" nach MI bis hin zum „wertvollsten Gut", über das laut Expertin MA Glaubwürdigkeit und Vertrauen bezahlt werden, reichen die Definitionen von Reputation. Wie Tabelle 18 zeigt, wird in Anlehnung an Aula (2001: 30) dabei am häufigsten auf die Ebene der Reputation als Beziehungsaufbau zurückgegriffen:

Tabelle 17: Reputationsdefinitionen der ExpertInnen
Quelle: eigene Darstellung

Experte	Reputation as position	Reputation as symbolic capital	Reputation as relationships
Experte B	Einstehen für die eigenen Werte, die Mission und die Ziele	-	Vertrauen und Glaubwürdigkeit, Vertrauensaufbau durch langjährige Tätigkeit und Expertise
Experte MI	-	-	Grundvertrauen in einer Organisation
Expertin MA	-	-	Glaubwürdigkeit, Seriosität, Vertrauen
Experte S	stete Kommunikation der individuellen Mission	Markenbildung durch Geschichten und Bild	Glaubwürdigkeit, Vertrauen, Vertrauenswürdigkeit, Seriosität
Branchenexperte BE	eindeutiges Themenprofil, Betonung der individuellen Leistung	Erzählen der individuellen, a priori gegebenen Organisationsgeschichte	Vertrauensaufbau durch Transparenz und Expertise

Reputation entsteht nach Aussage der KommunikationsexpertInnen durch eine klare Themenpositionierung und Zielfixierung, durch die Konstruktion von Geschichten und sinnhaften Erlebniswelten um die Organisation herum sowie durch Aufbau von Vertrauen in den Beziehungen zu relevanten Anspruchsgruppen. Im letzten Punkt gehen dabei alle ExpertInnen konform, sie verstehen „Reputation im Sinne von Vertrauen" (BE) als „werthaltigen Baustein" (MA) für eine Organisation, die „immaterielle Werte verkauft." (MI) Ein solcher immaterieller Wert ist Reputation, die man nicht in Cents und Euros hinterlegen kann (vgl. MA), letztendlich jedoch auch selbst. So räumen auch einige ExpertInnen Schwierigkeiten ein, Reputation in ihren jeweiligen Organisationen zu messen: Es sei, so Expertin MA „noch nicht perfekt gelungen, diesen werthaltigen Baustein Reputation auch mit in die Werteüberlegungen einer Organisation oder auch eines Unternehmens zu integrieren, im Sinne von Controlling, Daten und Wertschätzungsdaten." Als Grund dafür werden von ihr die fehlenden Mittel angeführt. Auch Experte B negiert die

Existenz eines „organisationsweiten Index, um Reputation zu messen". Stattdessen würde Marktforschung betrieben, eine Aussage, die auch Experte MI teilt. Repräsentative Studien, die z. B. die Markenbekanntheit eruieren, nennt auch Experte S als Möglichkeit, Reputation zu messen. Der eben zitierte Markenbegriff wird im Allgemeinen häufig genannt und zumeist für die Definitionen von Reputationsmanagement fruchtbar gemacht, wie Tabelle 19 illustriert.

Tabelle 18: Reputationsmanagement aus Perspektive der KommunikationsexpertInnen in den NPOs
Quelle: eigene Darstellung

Experte	Definition Reputationsmanagement	Personelle Zuständigkeit	Beitrag Kommunikation
Experte B	Markenpflege, Markenaufbau, Markenrecht	Beitrag jedes Mitarbeitenden zur Reputation	Kommunikationsabteilung als Repräsentant nach außen
Experte MI	Steuerung durch das bewusste Setzen von Kommunikationszielen	Beitrag jedes Mitarbeitenden zur Reputation	Kommunikation eine von vielen Abteilungen
Expertin MA	Teil der Wertschöpfungskette	Verantwortlichkeit der Leiterin Strategische Unternehmenskommunikation	starke Verbindung zwischen Kommunikation und Reputation
Experte S	Markenmanagement und Markenführung, Markenbekanntheit als Index für Reputationsmessung	strategische Markenführung in allen Bereichen, kein Top-Down System der internen Markenkommunikation	Kommunikation eine von mehreren Output-Abteilungen

Reputationsmanagement wird analog zu Wiedmann und Kollegen (vgl. 2007: 322; siehe auch 3.1) als Teil der strategischen Markenführung bzw. des Markenmanagements verstanden. Dabei spielt Kommunikation eine zentrale, aber keine exklusive Rolle. Analog dazu liegen die personellen Zuständigkeiten für Reputationsmanagement nicht ausschließlich in der Kommunikations- oder Öffentlichkeitsarbeitsabteilung. Experte S betont in diesem Kontext, dass die Marke in allen Bereichen vertreten sei und gemeinsame Konzepte der Markenführung im unternehmensübergreifenden Dialog erarbeitet würden.

Noch globaler sehen dies die Experten MI und B, die jeden Mitarbeiter und jede Mitarbeiterin als verantwortlich für die Markenreputation bezeichnen. Auch wenn Reputationsmanagement als Markenführung nicht allein der Kommunikation im Hause obliegt, leistet sie dennoch laut Expertin MA einen „bedeutsamen Beitrag" und hilft nach Experte S, die zuvor definierten Lücken einer strategischen Reputationsmessung durch die Messung von Kommunikationserfolgen als Beitrag zur positiven Markenwahrnehmung zu überbrücken: „Wir haben natürlich die Messung des direkten Outputs, meinetwegen der Kommunikation in den Medien der Mittelbeschaffung, wie die Mailings angekommen sind."

Auch Experte MI hält Medienbeobachtung und Medienanalyse für einen wichtigen Beitrag zur Reputationsmessung, eine Meinung, die von den KollegInnen geteilt wird: Man kann über Social Media Monitoring laut MA Anhaltspunkte bekommen, „um abzuleiten, inwieweit das auf die Reputation einzahlt oder nicht". Experte B bezeichnet Social Media Monitoring in diesem Kontext als „Themen- und Polaritätsseismograph" und nähert sich damit einer Reflexion von Nutzungspotenzialen an.

6.4.2.3 Nutzungspotenziale und Gestaltungsparameter von Social Media für das Reputationsmanagement

Diese Nutzungspotenziale können die ExpertInnen im Gespräch aus einer Reflexion der Chancen- und Risikopotenziale und deren Manifestation auf der Wirkungsebene ableiten. Dabei führen alle schnellere *Informationsdiffusion* und *Transparenz bzw. Kontrollierbarkeit* durch User als mediumspezifische Besonderheiten an, die Konsequenzen auf der Ebene der Wirkungen zeitigen. Experte B reflektiert die zunehmende schnellere Verbreitung von Inhalten durchaus kritisch, wenn er argumentiert, Social Media seien ein zeitkritischer Faktor, der bei begrenzter Zeit ebenso begrenzte Ressourcen stark in Anspruch nähme. Feedback und Kontrolle durch User ist laut S „ein positiver Effekt auf Social Media Plattformen", beinhaltet jedoch zugleich ein „Gefahrpotenzial, weil man natürlich die Kontrolle der Markenführung ein Stück weit aus der Hand gibt". Folgende Tabelle verdeutlicht den Zusammenhang zwischen mediumspezifischen Chancen- und Risikopotenzialen, möglichen Wirkungen und daraus ableitbaren Nutzungspotenzialen.

Tabelle 19: Relationen Chancen bzw. Risikopotenziale und Wirkungen – Nutzungspotenziale
Quelle: eigene Darstellung

Relationen Matrix	Chancen-Risikopotenzial	Wirkung	Nutzungspotenzial
Experte B	schnelle und breite Informationsdiffusion	thematisch breitere Aufstellung und Gewinn bzw. Bindung von neuen, komplementären NutzerInnen	neue Möglichkeiten der Begegnung und Partiziption
Experte MI	schnelle und transparente Informationsdiffusion Kontrolle durch UserInnen	konstruktive Auseinandersetzung mit Kritik und Diskussion	Mobilisierung von Fürsprechern
Expertin MA	Transparenz und Kontrolle durch die UserInnen	unmittelbares Themen-Feedback	Gradmesser für Reputationsrelevanz
Experte S	Transparenz und Kontrolle durch UserInnen	Feedback über die Markenwahrnehmung der UserInnen	direkte Reputationsresonanz
Branchenexperte BE	schnelle und transparente Informationsdiffusion	Vertrauensaufbau durch Transparenz	virale Reputationsdiffusion Beziehungsmanagement Positives Markenerlebnis

Die ExpertInnen leiten aus dem von ihnen einheitlich geäußerten Chancenpotenzial der *Informationsdiffusion* und *Kontrolle durch Feedback* unterschiedliche Nutzungspotenziale ab. Experte MI sieht in der Tatsache, dass manche UserInnen die Organisation bei Kritik durch andere UserInnen verteidigen, einen Gewinn von Fürsprechern, während die schnelle Informationsdiffusion eine virale Verbreitung von reputationsrelevanten Beiträgen begünstige und zum Erfolg von Aktionen, wie z. B. der von ihm zitierten „Flashmob Aktion" beitrage. Experte B beschreibt die

Begegnung und Partizipation im virtuellen Raum als positiven Effekt einer thematisch breiteren Aufstellung und NutzerInnenbindung.

Die anderen ExpertInnen beziehen sich in der Beschreibung von Nutzungspotenzialen stärker auf die Reputation, erachten Feedback als direkte reputationsrelevante Resonanz auf Themen und deren Wahrnehmung (vgl. S) sowie nach Aussage von MA als Seismograph für die Reputationsrelevanz eines Beitrags: „Es ist ein guter Gradmesser und es ist ein sehr zeitnaher Gradmesser, um mitzubekommen, was Sache ist." Die Kommunikation in Echtzeit bietet aus Sicht des Branchenexperten den zusätzlichen Vorteil, den „Reputationsgewinn auf wirklich viele Leute zu verteilen". Im Idealfall käme es dabei auch zu einem viralen „Vertrauensübersprung", also eine positive Rückwirkung auf Menschen, die bisher nichts mit der Organisation zu tun haben, aber deren Interesse durch die positiven Bewertungen andere UserInnen geweckt wird. Menschen, die schon in Beziehung zur Organisation stehen, müssten noch stärker eingebunden werden, denn ein Potenzial der Social Media liege darin, sich auf genuines Beziehungsmanagement zu fokussieren und die schon positiv eingestellte Community durch positive Markenerlebnisse noch mehr an die Organisation zu binden.

Bei den Zielgruppen, die diese Gemeinschaft einer Organisation virtuell abbilden, sind, so der Tenor, die eigenen MitarbeiterInnen nicht zu vernachlässigen: Wenn man, so Experte B, das „Reputationsgenerierende" von Social Media nutzen möchte, so müsse es Auswirkungen in der eigenen Organisation haben, denn die Wirkungen auf Reputation seien „nach innen und außen". Die Einbindung der MitarbeiterInnen in eine langfristig ausgelegte Social Media Strategie sowie das damit verbundene Verständnis eines Reputationsmanagements, das auch nach innen ausgerichtet ist, wird von anderen ExpertInnen ebenfalls als Gestaltungsparameter angeführt: Experte S spricht von einer strategischen Ausrichtung des Reputationsmanagements in der Kommunikation nach innen und außen, während BE reputationsrelevante Erfolge von Social Media PR von deren Integration in die Organisationsstrukturen abhängig macht: „Also wenn ich dort eine gute Social Media Kommunikation habe, muss ich meine Öffentlichkeitsarbeit einfach auch intern weiterbringen."

Interne und externe Kommunikation sollte nach Aussage der ExpertInnen S, MI, MA und BE im Allgemeinen Teil eines langfristig angelegten, integrierten Kommunikationskonzepts sein, das Social Media umfasst. Als „Teil des Medienmix" ist Social Media PR laut Expertin MA je nach Themenstellung und Zielsetzung angemessen einzusetzen und bedarf ihrerseits gewisser *operativ-kommunikativer* Gestaltungsparameter, um reputationsförderliche Wirkungen zu entfalten: So ist es nach Experte B unter anderem wichtig, transparent darzulegen, für welche Ziele man sich einsetzt.

Neben Gestaltungsparametern *strategisch-kommunikativer, operativ-kommunikativer* und *organisationsstruktureller* Natur, spielen überdies *personelle* Faktoren eine Rolle für eine künftige Gestaltung einer Social Media PR im Reputationsmanagement, die Nutzungspotenziale identifiziert und ausschöpft. Einen abschließenden Überblick über mögliche Gestaltungsparameter auf verschiedenen Ebenen bietet die folgende Tabelle.

Tabelle 20: Gestaltungsparameter für Social Media PR im Reputationsmanagement
Quelle: eigene Darstellung

Experte	Strategisch-kommunikativ	Operativ-kommunikativ	Organisations-strukturell	Personell
Experte B	Integration der MitarbeiterInnen in die Social Media PR Strategie	Verständlichkeit und Transparenz	kontinuierlicher interner Informationsfluss	kompetente Fachkräfte für Social Media
Experte MI	verbindliche Kommunikationsstrategie Einsatz von Social Media PR im Rahmen eines integrierten Kommunikationskonzepts	-	-	flexibles und freies Arbeiten des Social Media Teams

Experte	Strategisch-kommunikativ	Operativ-kommunikativ	Organisations-strukturell	Personell
Expertin MA	strategischer Einsatz von Social Media PR im Rahmen eines integrierten Kommunikationskonzepts nach innen und außen	Personalisierung und Authentizität	-	-
Experte S	strategischer Einsatz von Social Media PR im Rahmen eines integrierten Kommunikationskonzepts nach innen und außen	Storytelling und Visualisierung	interner Informationsfluss zur strategische Markenführung im Dialog	-
Branchenexperte BE	**Bindungsstrategie** → Mitglieder der Community als Multiplikatoren **Themenstrategie** → Identifikation durch klares Themenprofil **Interne Partizipationsstrategie** → MitarbeiterInnen als Markenbotschafter	**Transparenz** → personalisierte, verständliche und authentische Kommunikation → Offenheit für Nachfragen und Dialog → faktische Kompetenz und Leistungserfüllung	Integration von Social Media in die Organisationsstrukturen	-

Zusammenfassend lässt sich festhalten, dass der *Strategische Einsatz von Social Media PR im Rahmen eines integrierten Kommunikationskonzepts* sowie eine Integration von Aufgaben der Social Media PR und des Reputationsmanagements auf *organisationsstruktureller* Ebene von den ExpertInnen am häufigsten als Gestaltungsparameter für eine reputationsförderliche Nutzung von Social Media PR genannt werden. Branchenexperte BE differenziert bei der *strategisch-kommunikativen* Ausrichtung noch feingliedriger in einzelne Strategietypen, die auf Beziehungsaufbau (*Bindung* und *interne Partizipation*) sowie *Themenpositionierung* setzen. Die von ihm und den anderen ExpertInnen aufgezählten *operativ-kommunikativen* Gestaltungsparameter entsprechen Kommunikationstechniken wie Storytelling, Visualisierung und Personalisierung sowie Kommunikationsqualitäten wie Verständlichkeit, Authentizität und Transparenz.

6.5 Fallvergleich – Interpretation der Ergebnisse und Rückbezug auf die typologische Betrachtung

Die Kommunikationsprofis in NPOs erachten eine verständliche, personalisierte und transparente Kommunikation mit den Anspruchsgruppen als reputationsrelevanten Gestaltungsparameter. Dennoch läuft der kommunikative Beziehungsausbau, wie die Inhaltsanalyse gezeigt hat, zumeist über einen zwar zielgruppenorientierten und symmetrischen, aber dennoch einseitigen Informationstransfer ab. Formen der zweiseitigen Interaktion oder Dialogangebote, die von der Fachliteratur Social Media als spezifisches Kommunikationsmerkmal attribuiert werden, finden sich hingegen deutlich weniger. Diese Feststellung trifft besonders auf den Kurznachrichtendienst *Twitter* zu, den die untersuchten NPOs – wie es die Befragten im Gespräch auch mit eindeutigen Formulierungen („Informations-Trigger", „Anteasern") zum Ausdruck bringen – fast ausschließlich als reines Push-Medium nutzen. Der Social Media Branchenexperte hält diesen Nutzungstyp besonders für kleinere Organisationen für typisch, während er für größere, besonders intensiv Kampagnen führende Organisationen von einem erhöhten Interaktionsgrad ausgeht.

Die Zuordnung von NPOs zu – je nach Zielsetzung und Aufgabenspektrum – unterschiedlichen Organisationstypologien spielt in seinem Argumentationsgang für die Nutzung von Social Media PR für das Reputationsmanagement generell eine zentrale Rolle. So führt er die eingeschränkte *Twitter* Nutzung von karitativen und besonders katholischen NPOs auf die mangelnde Medienaffinität ihrer Zielgruppen zurück.

Dennoch identifiziert er auch innerhalb des Spektrums der karitativen Organisationen etwaige Unterschiede in der Ausrichtung der Kommunikationsstrategie, die er mit Unterschieden in den individuellen Kommunikations- und Organisationsstrukturen begründet: So fällt es ihm zufolge den Organisationen leichter, Interaktion und Dialog im Rahmen des von ihm zitierten Community Managements aufzubauen, bei denen die „Gemeinschaft sich um das Thema kümmert" und eine

Zielgruppe bildet, die auch bereits offline mit der Organisation verbunden ist. Von einer solchen bereits existierenden Community profitieren seiner Einschätzung zufolge die *Malteser Hilfsdienste* mit ihrer „großen Schar an Ehrenamtlichen" und die *SOS Kinderdörfer weltweit* mit einer traditionell sehr guten Spenderbindung. Letztere führt er auch als Beispiel für eine Organisation an, die viele ihrer Aktionen auf Social Media abbilden und damit eine hohe Aktivität erreichen. Zumindest für *Facebook* kann diese Aktivität bestätigt werden. Sie ist jedoch laut Aussage des Social Media Experten vor allem deswegen möglich, weil die *SOS Kinderdörfer weltweit* im Gegensatz zu anderen karitativen Organisationen bedeutend mehr in ihre Kommunikation investieren.

Da solche und andere Unterschiede Auswirkungen auf die Nutzung von Social Media PR für Reputationsmanagement haben können, lohnt es sich, die Ergebnisse der Untersuchung abschließend vor dem Hintergrund der typologischen Klassifikation der vier NPOs als karitative Organisationen zu vergleichen und zu interpretieren.

6.5.1 Vergleich und Interpretation der Ergebnisse vor dem Hintergrund organisationstypologischer Besonderheiten

Wie die Ergebnisdarstellung in Kapitel 6.4 bereits zeigen konnte, fallen die Resultate der Inhaltsanalyse in Abhängigkeit von der individuellen Organisation teilweise recht unterschiedlich aus. Zwar ist diese Beobachtung für *Twitter* nicht vollumfänglich aufrechtzuerhalten, jedoch zeichnen sich bereits in der Nutzung des Kurznachrichtendienstes feine Unterschiede ab, die sich auf *Facebook* fortsetzen. Im Folgenden werden eben jene Unterschiede im Nutzungsverhalten der beiden Social Media Anwendungen diskutiert und im Rückbezug auf die jeweilige Organisationsspezifika und die Aussagen ihrer Kommunikationsverantwortlichen interpretiert.

Am Ende dieser komparativen Betrachtung der einzelnen Fallbeispiele erfolgt die Rekonstruktion der Ergebnisse der Social Media Nutzung im Rahmen der Organisationstypologie. Dabei werden die für das Forschungsinteresse relevanten Aspekte der reputationsrelevanten Funktionen und Ziele von Social Media PR vor dem Hintergrund der individuellen Organisationsziele berücksichtigt.

Brot für die Welt: „Verantwortung in ökumenischen Netzwerken" – und auf sozialen Netzwerken

„Wir suchen die Zusammenarbeit mit Kirchen und kirchlichen Hilfswerken in aller Welt und nehmen unsere Verantwortung in ökumenischen Netzwerken wahr"[28], formuliert das evangelische Hilfswerk *Brot für die Welt* auf seiner Website und drückt damit das Selbstverständnis als kirchliche Organisation aus, die sich als „Teil der weltweiten Christenheit"[29] versteht. Kooperation mit Gleichgesinnten und Partnerorganisationen sind demzufolge ein zentrales Element der Kommunikation, das so auch auf Social Media fortgesetzt werden kann. Der betreffende Experte B bestätigt diese Annahme, indem er die Information von Fachprofis, mit dem Thema in Verbindung stehenden Stakeholdern, Partnerorganisationen, Kirchen und Multiplikatoren in der Politik als wichtige Funktion der Social Media PR beschreibt. Diese geht einher mit der thematischen Positionierung, mit dem Eintreten für Werte und Ziele der eigenen Mission. Verantwortung im ökumenischen Netzwerk wird durch Bereitschaft zur Verantwortungsübernahme auf sozialen Netzwerken ausgedrückt.

Dies spiegelt sich in der Themendarstellung auf Social Media wider: Reputation entsteht im Kontext, in den Erzählungen von Problemsituationen oder Aktionen, die Engagement und Werteorientierung der Organisation Ausdruck verleihen. Im Fokus des Narrationsmodus stehen dabei Beziehungen zu den Anspruchsgruppen, wie z. B. einem konkreten Spender, dem gedankt wird. Dabei wird, wie bei Dankesformeln im Allgemeinen nicht auf den stilistischen Emotionsmarker **„VIELEN DANK"** verzichtet. Überhaupt ist die kommunikative Ansprache bewusst locker und eher gefühlszentriert gehalten, UserInnen werden geduzt und ein mündlicher Sprachduktus bevorzugt. Werden nicht SpenderInnen und potenzielle Unterstützer thematisiert, stehen häufig Geschichten von LeistungsempfängerInnen und symbolische Bezüge auf die Organisation im Fokus der Narration: So wird beispielsweise ein Gruß an die Facebook Community gerne mit „Sala Sentle" beendet,

28 Quelle: http://www.brot-fuer-die-welt.de/ueber-uns.html
29 Quelle: ebd.

was in der suahelischen Bantusprache[30] so viel wie „Bleib gut" bedeutet und damit indirekt die christliche Werteethik der Organisation widerspiegelt. Auch wenn das Werk in isolierten „Gruß" Posts häufig Kontaktsignale aussendet, verbleiben diese zumeist ungehört. Während für *Twitter* kaum bis gar keine Retweets zu verzeichnen sind, liegen die „Likes" auf *Facebook* oft im einstelligen Bereich und erreichen maximal 28 Klickzahlen.

MISEREOR: „Mut zu Taten" – und Mut zu Meinungen, auch auf Social Media

„Like" Zahlen im zweistelligen Bereich werden vom katholischen Hilfswerk *MISEREOR* hingegen auf *Facebook* öfter erreicht. In einem Fall entwickelt sich ein Gespräch zwischen *MISEREOR* und einer Userin, die ein positives Feedback über die Figur „Rucky Reiselustig" äußert. Dass sich auch sonst positive Kommentare finden, passt zu der Äußerung des befragten Experten, der eine – für eine katholische Organisation – wie er differenzierend beifügt, erfreuliche Interaktion konstatiert. *MISEREOR* überschreitet auch öfter die Ebene des reinen Informationstransfers und lanciert einen Appell an die angesprochenen Zielgruppen oder versucht, mit entsprechenden Argumenten eine Persuasion vorzubereiten. Dabei werden die UserInnen geduzt und in einem eher mündlichen Sprachduktus adressiert.

Die dabei präsentierten Themen entfalten zumeist kontextuell Reputationsrelevanz, einige zahlen auch durch die prozessuale Wiedergabe von konkreten Handlungen auf eine reputationsförderliche Wahrnehmung der Leistungen der Organisationen ein. Der Meldung, dass *MISEREOR* den 3. Platz im Transparenz Wettbewerb der *PWC* gewonnen hat, kann zweifelsohne eine implizite Reputationsrelevanz zugesprochen werden, da Transparenz ein wesentlicher Faktor für die Entstehung von Vertrauen und damit Reputation ist.

Auf der narrativen Ebene wird Reputation sehr häufig als Stellungnahme und konkrete Positionierung zu einem Thema (*Reputation as position)* Ausdruck verliehen: *MISEREOR* unterstützt die Strafanzeige gegen *Nestlé*, prangert am Weltfrauentag

30 Bantusprachen bilden eine Untergruppe des Volta-Kongo-Zweigs der afrikanischen Niger-Kongo-Sprache.

die Benachteiligung von Frauen in Sachen Bildung an und fordert FDP-Vorsitzenden Philipp Rösler auf, bei der Klimakonferenz in Doha seine Blockadehaltung aufzugeben. Diese und ähnliche Beispiele belegen, dass das Hilfswerk nicht scheut, seiner Meinung offen Ausdruck zu verleihen, Themen mit einer eindeutigen Botschaft und andere zur Unterstützung aufzurufen, getreu dem Motto: Lasset auf Worte Taten folgen. Dieses Motto entspricht umso mehr dem Selbstverständnis der NPO, da sie den „Mut zu Taten"[31] als wesentlichen Teil ihres Auftrags versteht. *MISEREOR* treibt nicht nur das Motiv der christlichen Nächstenliebe an, sondern verbindet den Dienst am Anderen mit einem politischen Anspruch, den auch der betreffende Experte im Gespräch als Teil der Kommunikationsfunktion des Hilfswerks beschreibt. Den Gründungsauftrag, „den Mächtigen ins Gewissen reden", setzt *MISEREOR* als thematische Positionierung und Aufruf zum aktiven Kampf gegen Ungerechtigkeit und Einsatz für Gerechtigkeit auch auf Social Media um.

Malteser Hilfsdienste „Weil Nähe zählt" – Nähe beginnt in der eigenen Community

Unter einem christlich-religiösen Motto steht auch das Selbstverständnis, der in ihrer Struktur und organisationalem Aufbau den katholischen Diözesen nachempfundenen *Malteser Hilfsdiensten:* So lautet ein Leitsatz zu Arbeitsauftrag und Selbstverständnis „Unsere Hilfe ist im Namen des Herren"[32], wobei das Bild der katholischen Glaubensgemeinschaft konsequent aufgegriffen wird: „Malteser ist man nicht allein"[33], was impliziert, dass „Nähe zählt" und in den eigenen Reihen beginnt: Das Prinzip der tätigen Nächstenliebe wirkt von innen nach außen.

Dieser Leitsatz spiegelt sich in der Social Media PR eindeutig wider, da neben externen Zielgruppen wie SpenderInnen und UnterstützerInnen besonders die interne Zielgruppe der ehrenamtlichen MitarbeiterInnen im Fokus der kommunikativen Ansprache steht. Die eigenen Ehrenamtlichen, so betont auch die befragte Expertin MA, müssen eingebunden werden, sei es nun durch den Bericht über erfolgreiche Aktionen oder den expliziten Dank und eine Wertschätzung ihres freiwilligen En-

31 Quelle: http://www.misereor.de/ueber-uns/mut-zu-taten.html.
32 http://www.malteser.de/ueber-die-malteser/malteser-hilfsdienst-ev.html
33 Vgl. ebd.

gagements. Da die Gemeinschaft auch ein dominantes Element der Themendarstellung verkörpert und mit Berichten über Fakten, Personen und deren Beitrag zur Lösung von Problemsituationen verbunden wird, werden Beziehungen zu Ehrenamtlichen und LeistungsempfängerInnen als reputationsrelevanter Narrationsmodus aktiviert. Im Fokus der Kommunikationsfunktion steht dabei die Information, denn Informationsaustausch ist ohne Beziehungspflege schwer vorstellbar (vgl. Ebersbach et al. 2011: 38) und forciert die Bindung der Ehrenamtlichen an die Organisation.

Eine wissens- und handlungszentrierte Kommunikationsstrategie zur Information der Angesprochenen schlägt sich dabei in einem berichtenden Stil nieder. Ein organisationsspezifisches Merkmal, dem auch der formale Aufbau der *Facebook* Posts entspricht: So ähneln viele davon in ihrer Struktur Zeitungsberichten, da sie mit einer Überschrift beginnen, diese in einer Überschrift zweiter Ordnung näher spezifizieren und dann in einen längeren Text überleiten, der die entscheidenden „W-Fragen" klärt. Die Resonanz auf Berichte aus der Gemeinschaft fällt dabei positiv aus, die „Like" Zahlen bewegen sich im zweistelligen Bereich und auch positive Kommentare bleiben nicht aus. Dabei werden UserInnen auch direkt zur Unterstützung aufgefordert, wie z. B. mit der Bitte, die Homepage *Malteser* in einer Online-Abstimmung zur besten Website des Jahres zu küren.

SOS Kinderdörfer weltweit „Wir helfen Kindern" – Soziale Marke mit Sympathiefaktor

Höheren Zuspruch in Form von „Gefällt mir" Bekundungen und Lob verzeichnen im direkten Vergleich nur die *SOS Kinderdörfer weltweit*: „Likes", die die Zahl 100 überschreiten, sind auf *Facebook* keine Seltenheit und die positiven Kommentare fallen recht herzlich aus: „Aber wieder mal ein eindrucksvoller Beweis wie wichtig und unterstützenswert die Arbeit der Kinderdörfer ist." Vor allem die Bilder und Geschichten von den Kindern kommen bei den UserInnen gut an: „How cute and full of heart <3." Das Herz-Emoticon „<3" wird dort nicht zum einzigen Mal vergeben und so ist es nicht weiter verwunderlich, dass die auf Social Media, besonders auf *Facebook,* eingeschlagene Kommunikationsstrategie gefühlszentriert ist: Zielgruppen werden durch Bilder und wörtliche Zitate der Kinder emotional angesprochen.

Im Fokus der Themendarstellung stehen immer Ereignisse und Aktionen rund um die Kinder und die Kinderdörfer, der Narrationsmodus baut Reputation über Bildsymbolik und Geschichten aus der Organisationsvita auf (*Reputation as symbolic capital)*, wobei häufig auf Daten aus der „SOS-Geschichte" zurückgegriffen wird. Als Zielgruppe unter den SpenderInnen werden immer wieder personalisiert „Die Paten" adressiert, Menschen, die bereit sind, eine Patenschaft für ein Kind oder ein ganzes Dorf zu übernehmen. Häufig werden auch berühmte Personen, wie z. B. der Fußballnationalspieler Thomas Müller und der Bundespräsident a. D. Horst Köhler, als Unterstützer der *SOS Kinderdörfer* oder Paten vorgestellt. Dabei sind Bilder von diesen „Testimonials" ein beliebtes Gestaltungselement.

Weitere Visualisierungen fokussieren vor allem die Kinder als LeistungsempfängerInnen des sozialen Engagements, nicht zuletzt ist die Botschaft „Wir helfen Kindern" laut Experten ein zentraler Eckpfeiler der Kommunikation – und der reputationsrelevanten Markenbildung und -pflege. Als etablierte Marke, die in den Köpfen vieler Menschen verankert ist, wird die Hilfsorganisation im ExpertInnengespräch beschrieben. Da die „soziale Gemeinschaft", was das Akronym SOS= *Societas Socialis* ausformuliert bedeutet, Wert auf die Bildung einer positiv besetzten Erlebnisgemeinschaft legt und die Kommunikationsfunktion der Information mit der Intention einer emotionalen Ansprache verbindet, wird sie zu einer „sozialen" Marke mit hohem Sympathiefaktor: „Wir helfen Kindern" ist eine thematisch reputationsrelevante Positionierung, die gut ankommt, besonders da dieses Selbstverständnis durch Geschichten und Bildern von Kindern und ihrem individuellen Schicksal einprägsam vermittelt wird. Nicht umsonst erfreuen sich die *SOS Kinderdörfer weltweit*, wie auch der organisationsexterne Branchenexperte betont, einer sehr guten SpenderInnenbindung. *SOS Kinderdörfer* SpenderInnen und Paten sind ebenso Teil einer Gemeinschaft, wenn auch eher einer gefühlten denn einer faktisch existierenden, wie es die Ehrenamtlichen bei den *Maltesern Hilfsdiensten* sind.

Der Zielgruppenbezug auf ehrenamtliche MitarbeiterInnen und SpenderInnen als Teil einer größeren Gemeinschaft lässt sich als Grund dafür interpretieren, warum die *Malteser Hilfsdienste* und die *SOS Kinderdörfer weltweit* in Sachen Resonanz und Anbahnung dialogischer Kommunikationsbeziehungen auf Social Media besser abschneiden als *MISEREOR* und *Brot für die Welt*. Letztere Organisationen setzen auf Social Media nämlich eher auf eine Themenstrategie, fallen mehr durch Verteidigung von inhaltlichen Standpunkten und Werten auf als durch eine Bindungsstrategie, die Zielgruppen personalisiert anspricht und in Aufgaben bzw. Zielerfüllung einbindet. So kann die gewählte Social Media Strategie als Einflussfaktor auf die unterschiedliche Nutzung von Social Media PR durch die einzelnen Organisationen interpretiert werden.

Auch wenn die Ergebnisse insgesamt nicht gravierend unterschiedlich ausfallen, so zeigt sich doch, dass bei der Nutzung verschiedene Akzente gesetzt werden. Neben dem bereits erörterten Zielgruppenbezug, ist die Social Media PR der NPOs auch anhand der gewählten Kommunikationsfunktion zu differenzieren: Wird *Twitter* zwar einheitlich zu Informationszwecken als eine Art „News-Ticker" genutzt, gehen die Kommunikationsfunktionen für *Facebook* über diese reine Abo-Dienstleistung hinaus: Interaktionen sind häufiger der Fall und auch wenn sich die Kommunikationsfunktion des Dialogs oder Dialogangebots nur vereinzelt abzeichnet, so ist dort prinzipiell eine Plattform dafür gegeben. Dies ist allerdings wieder stärker für die *Malteser* und die *SOS Kinderdörfer weltweit* der Fall als für die beiden anderen Organisationen. Auch Formen der zweiseitigen-asymmetrischen Kommunikation, die UserInnen zwar nicht in einen symmetrischen Dialog auf Augenhöhe einbindet, jedoch zur Partizipation und Beteiligung auffordert oder insgesamt direkt anspricht, sind für die *Malteser Hilfsdienste* und die *SOS Kinderdörfer weltweit* öfter zu identifizieren. So bieten erstere ihrer Community beispielsweise an, an einer Online-Befragung über ehrenamtliche Tätigkeiten teilzunehmen.

Auf der Ebene der Themendarstellung und der sprachlich-stilistischen Mittel fallen die Ergebnisse insgesamt wieder heterogener aus. Zumeist liegt der Themenfokus auf Fakten rund um Problemsituationen und Lösungsbeiträge durch die jeweilige NPO, auf Personen und Ereignissen bzw. Aktionen. Der Kommunikationsstil changiert zwischen berichtend und erzählend, nur die *Malteser* fallen durch einen dominanteren Berichtsstil, der sich auch in der formalen Struktur niederschlägt, auf. Für *Twitter* sind insgesamt wenig bis keine rhetorischen Stilmittel nachzuweisen, was auf die Beschränkung der Beiträge auf 140 Zeichen zurückzuführen ist, die stilistisches Ornat deutlich erschwert. Die auf *Facebook* gewählten Stilmittel wie beispielsweise Anaphern, Trikolon oder Klimax sind zumeist dem syntaktischen Bereich entliehen und erhöhen Prägnanz und Aussagekraft des Beitrags. Wortspiele und symbolische sowie metaphorische Bezüge verweisen auf einen übergeordneten Bedeutungsgehalt zwischen den Zeilen, sind aber wesentlich seltener. Insgesamt sind bezüglich dieses Kriteriums kaum Unterschiede zwischen den Organisationen zu konstatieren, signifikante Unterschiede betreffen eher die zuvor erläuterten Aspekte und sind wie folgt darzustellen:

- **Themenstrategie** bei *Brot für die Welt* und *MISEREOR*
- **Interne Bindungsstrategie** bei den *Maltesern* und **Externe Bindungsstrategie** bei den *SOS Kinderdörfern weltweit*
- **Höhere Resonanz und Interaktion** für die zwei **bindungsorientierten NPOs** der *Malteser Hilfsdienste* und *SOS Kinderdörfer weltweit*
- **Dominante Kommunikationsfunktion der Information**, nur gelegentliche Formen der Dialoganbahnung und zweiseitigen Kommunikation bei den *Maltesern* und den *SOS Kinderdörfern weltweit*

6.5.2 Skizzierung einer Fallbeispieltypologie

Da Grund zur Annahme besteht, dass die identifizierbaren Unterschiede in der Nutzung von Social Media PR auch von organisationsspezifischen Besonderheiten abhängen, widmet sich das nun folgende Kapitel dem Versuch einer typologischen Fallbeispielzuordnung.

Ein Blick auf das Aufgabenspektrum zeigt, dass alle vier Organisationen in etwa gleichen oder ähnlichen Aufgaben, im In- wie im Ausland nachgehen. So ist davon auszugehen, dass etwaige Unterschiede im Verständnis von Reputation und damit auch der Nutzung von Social Media PR für das Reputationsmanagement eher mit dem hinter Aufgaben und Auftrag stehenden Selbstverständnis, ausgedrückt durch die *Definition des Hilfsauftrags* und der *Werteorientierung*, zusammenhängen. Aus diesen resultieren unterschiedliche Ziele der Social Media PR, die wiederum unterschiedliche Nutzungsmuster für das Reputationsmanagement in Gang setzen. Folgende Tabelle bildet den Versuch ab, die untersuchten NPOs typologisch einzuordnen, die Ergebnisse auf vier unterschiedliche Fallbeispiele zu rekonstruieren. Da nur vier karitative Organisationen exemplarisch verglichen werden, erhebt diese Darstellung keinen Anspruch auf Repräsentativität oder Vollständigkeit. Sie ist als eine typologische Clusterung auf Basis der in dieser Arbeit erzielten Ergebnisse anzusehen, jedoch nicht als verbindliche Aussage über eine spezifischere Typologie für die Gesamtheit der karitativen NPOs.

Tabelle 21: Typologische Einordnung der untersuchten NPOs
Quelle: eigene Darstellung

Kriterien	**Konfessionell**			**Überkonfessionell**
	Evangelisch	**Katholisch**	**Katholisch**	
Organisation	*Brot für die Welt*	*MISEREOR*	*Malteser Hilfsdienste*	*SOS Kinderdörfer*
Definition Hilfsauftrag	Helfen als gelebter Glaube	Helfen durch Handeln	Helfen in der Gemeinschaft	Helfen als Individuum einer Gemeinschaft
Werteorientierung	Argumentation und Legitimation durch christliche Werte	Verteidigung von christlichen Werten	christliche Wertegemeinschaft	gemeinsames Erleben von Werten
Ziele der Social Media PR	Legitimierung und Sensibilisierung *durch Themenstrategie*	Mobilisierung und Aktivierung *durch Themenstrategie*	Identifikation *durch Bindungsstrategie*	Identifikation *durch Bindungsstrategie*
Reputationsmanagement auf Social Media	Informationsmehrwerte über soziales Engagement	thematische Positionierung durch Expertise, Kompetenz und Verantwortungsübernahme	Beziehungsaufbau durch Beteiligung	emotionale Identifikation durch Beteiligung und positives Markenerlebnis

Kriterien	Konfessionell			Überkonfessionell
	Evangelisch	**Katholisch**	**Katholisch**	
Angestrebtes Ergebnis	Begegnung und Partizipation im virtuellen Raum *Markenaufbau, Markenbindung, Markenpflege*	Anstoß von Diskussionen und konstruktiver Kritik *Zielgruppenmarketing und gesellschaftspolitischer Dialog*	von innen nach außen getragene Gemeinschaftserfahrung *Bindung der externen und internen Zielgruppen*	Konstruktion einer Erlebnisgemeinschaft *Markenbildung und Markenbindung*
Selbstverständnis als karitative Organisation	Hilfswerk mit christlichem „Missionsauftrag"	Hilfswerk mit gesellschaftspolitischem Auftrag	christliche Gemeinschaft der Helfenden	soziale Gemeinschaft als „soziale Marke"

Wie aus der typologischen Zuordnung abzulesen ist, sind die vier NPOs innerhalb des Spektrums der karitativen Organisationen noch feiner zu untergliedern, in karitative Organisationen mit *konfessioneller Bindung* wie *Brot für die Welt, MISEREOR* und die *Malteser Hilfsdienste* und in eine überkonfessionelle Organisation, nämlich die *SOS Kinderdörfer weltweit.* Als zentraler für die Interpretation von Nutzungsunterschieden von Social Media PR für das Reputationsmanagement erweist sich jedoch das individuelle Selbstverständnis als karitative Organisation, die jede der vier NPOs unterschiedlich auslegt: Helfen ist zwar das dominierende Leitmotiv in Auftrag und Zielsetzung, wird jedoch individuell verschieden umgesetzt. Während sich *Brot für die Welt* deutlich dem christlichen Missionsauftrag, den Ärmsten der Armen zu helfen, verschrieben hat, verfolgt das katholische Hilfswerk *MISEREOR* darüber hinaus einen gesellschaftspolitischen Anspruch: Helfen wird nicht nur als gelebter Glaube und tätige Nächstenliebe, dem „Dienst am anderen" verstanden, sondern als die Verpflichtung, gegen Ungerechtigkeiten einzutreten und gesellschaftliche Missstände aufzudecken.

Steht bei letzteren die aktive Verteidigung von christlichen Werten im Fokus, so erfahren beim evangelischen Hilfswerk Handlungen durch den Rekurs auf die christliche Sozialethik eine tiefere Legitimation. Aus diesen unterschiedlichen Auslegungen des christlichen Hilfsauftrags erfolgt eine unterschiedliche Schwerpunktsetzung in der Kommunikation und damit auch in den Zielen der Social Media PR: Möchte *Brot für die Welt* durch reputationsrelevante Informationsmehrwerte für die Notwendigkeit eines sozialen Engagements sensibilisieren, so setzt *MISEREOR* auf eine offensivere thematische Positionierung, die zur Unterstützung mobilisieren und aktivieren möchte. So besteht denn das übergeordnete Ziel darin, Zielgruppenmarketing auf soziale Netzwerke zu verlagern und dort Optionen für einen gesellschaftspolitischen Dialog im Netz zu generieren. Dem evangelischen Counterpart geht es hingegen mehr darum, christlich inspirierte Begegnungen und Partizipation im virtuellen Raum zu schaffen, also auch hier Verantwortung für ein – im wahrsten Sinne des Wortes – soziales Netzwerk zu übernehmen.

Den Gemeinschaftsgedanken greift der katholische Hilfsdienst der *Malteser* noch dominanter auf: Als christliche Wertegemeinschaft der Helfenden beginnt Nächstenliebe im eigenen Haus, denn durch die enge Einbindung der MitarbeiterInnen wird das Prinzip der Nähe nach außen getragen. Die Bindungsstrategie ist damit eine doppelte, da Nähe zuerst intern aufgebaut bzw. vermittelt wird und dann auf den externen Beziehungsaufbau mit Anspruchsgruppen wie SpenderInnen und LeistungsempfängerInnen übertragen wird. Dabei steht Handeln als gemeinsames Helfen im Fokus der Werteorientierung. Ziel der Social Media PR ist es dabei, eine Identifikation mit der Gemeinschaft, ihrem Handeln und ihren Zielen zu generieren, die sich positiv auf die Bindung an die Organisation auswirkt.

Ebenfalls auf eine Bindungsstrategie setzt die „soziale Gemeinschaft" der *SOS Kinderdörfer*, allerdings auf eine externe: SpenderInnen werden durch die emotionalen Identifikationsangebote des übergeordneten „Wir helfen Kindern" Mottos in eine Art Erlebnisgemeinschaft einbezogen. Das gemeinsame Erleben der kommunizierten und visualisierten Mehrwerte eines sozialen Engagements für ein glückliches Leben für Kinder wird dabei zum Eckpfeiler der Werteorientierung. Social Media PR zielt auf eine Identifikation der SpenderInnen mit den Kindern und damit auf eine übergeordnete Ebene auch mit der Organisation. Der Aufruf zur Beteiligung ist dabei an die Vermittlung eines positiven Markenerlebnisses durch Geschichten und Bilder von Kindern gekoppelt, eine emotionale Bindungsstrategie, die gelingt: Auch wenn die anderen drei Organisationen Funktionen von Markenaufbau und -bildung als Teil des Reputationsmanagements konzipieren, sind die *SOS Kinderdörfer* unter ihnen die bekannteste und etablierte Marke. Eine karitative Organisation, die *massenattraktiv* ist, steht einer *gemeinschaftsorientierten (Malteser),* einer klassisch *christlichen (Brot für die Welt)* und einer karitativ, *christlich-aktionistischen* Organisation, die für ihre Werte aus Überzeugung aktiv eintritt *(MISEREOR)*, gegenüber. Damit zeigt sich, dass dieselbe konfessionelle Bindung nicht zwangsläufig Ähnlichkeiten in der Ausrichtung der reputationsrelevanten Social Media Strategie nach sich ziehen muss: Obwohl *MISEREOR* ebenso katholisch ist wie die *Malteser Hilfsdienste,* unterscheiden sich die beiden Organisationen grundlegend. Die traditionelle Bindung an das Ehrenamt, die tief in der Struktur der *Malteser* verwurzelt ist, macht für Social Media eine andere Themenwahl und Ansprache der Zielgruppen notwendig als der von *MISEREOR* verfolgte Missionsauftrag zu Gunsten der Gerechtigkeit. In diesem Punkt, dem Kampf für Gerechtigkeit und gegen Not, kommt das katholische Hilfswerk seinem evangelischen Counterpart nahe. So steht *Brot für die Welt* in dieser Hinsicht *MISEREOR* näher als der katholische Mitstreiter der *Malteser Hilfsdienste,* der seinerseits das Prinzip der Gemeinschaftsorientierung mit den überkonfessionellen *SOS Kinderdörfern weltweit* teilt.

Trotz aller Unterschiede ist das Helfen von Armen und Benachteiligten auf der ganzen Welt das verbindende Element dieser Organisationen; wie dieses Helfen konkret umgesetzt wird, hängt jedoch von der organisationalen Struktur bzw. dem Selbstverständnis sowie der genauen Zielsetzung und der Definition des karitativen Auftrags ab. Diese Faktoren beeinflussen auch die Kommunikation und die Entscheidung, wie über den guten Zweck des Helfens gesprochen wird. Kommunikation im Allgemeinen und Social Media PR im Speziellen werden je nach Organisation und deren Perspektive auf den karitativen Auftrag unterschiedlich interpretiert und gestaltet.

7 Schlussbetrachtung: Gutes tun und gut darüber posten

Unterschiede in der Gestaltung des karitativen Auftrags führen, wie Kapitel 6.5. zeigen konnte, zu unterschiedlichen Nutzungsmustern auf Social Media PR, die auf individuelle Ziele des Reputationsmanagements einzahlen. Doch was bedeuten diese Ergebnisse in einem größeren Zusammenhang und wie lassen sie sich im Hinblick auf die theoretischen Vorannahmen einordnen?

Um einen weiteren Blick auf den gewonnenen Erkenntnisstand zu eröffnen, bewertet das folgende Kapitel die Ergebnisse im Rückgriff auf die theoretischen Vorannahmen und verknüpft diese Schlussinterpretation mit einer Beantwortung der Forschungsfragen nach der Nutzung und den Nutzungspotenzialen von Social Media PR für das Reputationsmanagement von NPOs.

7.1 Zusammenfassende Bewertung und Einordnung der Ergebnisse

Das Ziel der Master Thesis bestand darin, eine empirische Untersuchung zu konzipieren, die die aktuelle Nutzung von Social Media PR analysiert und Potenziale für das Reputationsmanagement erschließt. Zwar liegen bereits Studien über die Nutzung von Social Media durch NPOs vor, jedoch greifen diese zumeist auf quantitative Designs zurück. Diese Arbeit wählt ein qualitatives Vorgehen, um tiefer gehende Aussagen über einen bis heute wenig erforschten Gegenstand zu ermöglichen und die Forschungslücke einer fehlenden Analyse des Social Media Reputationsmanagements von NPOs zu schließen. Eine Methodenkombination aus Inhaltsanalyse und Leitfadeninterviews verspricht eine umfassende Untersuchung und liefert einige zentrale Ergebnisse für die gestellten Forschungsfragen.

F1: Wie wird Social Media PR von NPOs als Kommunikationsinstrument für das Reputationsmanagement genutzt?

- *Welche Themen werden für die Kommunikation mit Anspruchsgruppen verwendet und wie werden sie dargestellt?*

Was die **Selektion von reputationsrelevanten Themen** betrifft, so konnte an nur wenig bis keinen theoretischen Vorannahmen aus der Literatur angeschlossen werden. Aussagekräftige Ergebnisse lieferte hier besonders der inhaltsanalytische Fokus auf die reputationsspezifischen Themenelemente und die darauf aufbauende Typologisierung der reputationsrelevanten Themen. Die Berichterstattung über den *Erfolg von* Aktionen, über *Projekte in den zu unterstützenden Ländern* und den dabei verfolgten *Zielsetzungen und erbrachten Leistungen* schafft **Transparenz** und damit **Vertrauen.** Die *Stellungnahmen gegen gesellschaftliche Missstände* und der inhaltliche Rekurs auf *die eigenen Werte und die Legitimation des Handelns* durch eben jene Werte sichern der jeweiligen NPO **Akzeptanz**. Durch emotional ansprechende *Geschichten rund um die Organisation und über ihre Leistungsempfänger* kann sich diese Akzeptanz zu einer **positiven Wahrnehmung** ausweiten. Letztere wird dadurch verstärkt, dass thematisch oft der *Dank an wichtige Anspruchsgruppen*, vor allem an SpenderInnen, akzentuiert wird. Eine Wertschätzung der bereits erbrachten Unterstützungspotenziale und die damit verbundene Bitte, die Organisation weiterhin zu unterstützen, sind zentrale Elemente der reputationsrelevanten Themen.

Insgesamt lässt sich konstatieren, dass die Themen, wie durch die kursiven Begriffe dargestellt, verschiedene inhaltliche Aspekte aufgreifen, die ihrerseits auf unterschiedliche Dimensionen der Reputation einzahlen: **Transparenz, Vertrauen, Akzeptanz, positive Wahrnehmung und Wertschätzung der Unterstützungspotenziale** sind die Ziele, die durch die Themenwahl angestrebt werden. Damit sind reputationsrelevante Themen solche, die diese reputationsförderlichen Mehrwerte vermitteln. Es geht nicht darum, die eigene Reputation direkt als eine gute anzupreisen oder explizit zu betonen, wie vertrauenswürdig der Umgang mit Spendengeldern und wie transparent die Berichterstattung ist: Reputationsrelevanz entwickelt sich implizit und sozusagen zwischen den Zeilen. Die Selektion von Themen erfolgt nach Kriterien, die eine Ausstrahlung auf die Reputation der NPO garantieren wie z. B. *gesellschaftliche Relevanz, Erfolge von eigenen Handlungen als Beweis von Kompetenz und Expertise*, der *Emotionalisierungsfaktor* von Inhalten oder *Ziel-*

setzungen zur Bekämpfung von Not und Elend zur Legitimation der eigenen Mission. Bei den nach diesen Kriterien ausgewählten Themen stehen, was die **Darstellung** betrifft, häufig **Personen und Fakten** im Zentrum der Aussage. Da diese ebenso oft mit einer **gefühlszentrierten Kommunikationsstrategie** verbunden wird, kann die in der Theorie erläuterte **Verknüpfung von Fakten und Emotionen** in Anlehnung an Tarneden und Krzeminski bestätigt werden.

Eine Entstehung von Erlebnisgemeinschaften durch emotionale Identifikation sowie mythisierende Geschichtselementen deutet sich bei drei Organisationen tendenziell an und ist bei den *SOS Kinderdörfern* ein dominanter reputationsrelevanter Narrationsmodus. Substantialität der Inhalte ist naturgemäß für alle vier NPOs festzustellen, wobei diese von *MISEREOR* am deutlichsten mit einem gesellschaftspolitischen Anspruch verbunden wird. Auf dem Themenkontinuum zwischen Verstand und Gefühl beziehen sich die NPOs sehr häufig auf **aktuelle Ereignisse,** z. B. Naturkatastrophen, die sofortige Hilfsmaßnahmen erforderlich machen, bleiben aber ebenso den von ihnen traditionell vertretenen Kernthemen treu: Eine Mischung aus Aktualitätsbezug und Themenkontinuität bzw. Selbstbezug dominiert Fokus und Timing der Themendarstellung auf Social Media.

- *Welche sprachlichen-stilistischen Mittel werden für die Kommunikation mit Anspruchsgruppen verwendet?*

Alle Organisationen hätten, so der Social Media Experte für NPOs, eine Geschichte zu erzählen, welches Problem von ihnen wie gelöst wird. Diese Geschichte wird auch auf Social Media erzählt – die Themendarstellung von Problemsituationen und Lösungsbeitrag durch die NPOs wird, wie bereits im Literaturteil vorangenommen, stilistisch durch das Element der **Visualisierung** ausgeschmückt. Auf *Facebook* nutzen alle vier Organisationen Bilder von LeistungsempfängerInnen, Aktionen, MitarbeiterInnen, um Geschichten rund um die Organisationen anschaulich zu erzählen. So ist **Storytelling** auch generell eine häufig gewählte Narrationstechnik, um Reputation durch Erzählungen und übergeordnete Assoziationen als symbolische Dimension zu aktivieren. Folglich gleichen viele Beiträge eher einer gefühls- und handlungszentrierten Erlebniserzählung. Inhalte, die Fakten und reputationsrelevante Stellungnahmen kommunizieren, sind hingegen im berichtenden Stil abgefasst.

Bei aller Kreativität wählen die NPOs auf Social Media eine **klare und faktenorientierte Sprache,** was wohl auch, besonders auf *Twitter,* medienspezifischen Beschränkungen zuzuschreiben ist: Platzmangel erfordert **Kürze und Prägnanz** der Aussagen. Rhetorische Stilmittel kommen nur auf *Facebook* – und auch dort nur gelegentlich – zum Einsatz. Die Ergebnisse der Inhaltsanalyse von Inauen und Kollegen, dass NPOs auf Social Media UserInnen duzen und zu einer nähesprachlichen Sprechweise tendieren, können für diese vier NPOs bestätigt werden. Der Anschluss an die die von Tarneden sowie Inauen und Kollgen identifizierten Themenfelder als Kategorien der Inhaltsanalyse erwies sich als fruchtbar und erbrachte vor allem mit der Relevanz von Storytelling und Visualisierung als reputationsrelevante Narrationstechniken ein aussagekräftiges Ergebnis.

- *Welche Funktion bzw. Intention verfolgt Kommunikation für den Beziehungsaufbau mit Anspruchsgruppen?*

Beziehungsaufbau wurde im Rahmen der Inhaltsanalyse als eigenständige Kategorie ermittelt, die theoretisch an die Vorannahmen von Lovejoy und Saxton (2012) sowie Waters und Jamals (2011) anknüpft. Letztere differenzieren die Formen der Kommunikationsfunktionen in Analogie zu den PR-Modellen von Grunig und Hunt in einem Kontinuum zwischen Appell als einseitige, asymmetrische Kommunikation und Dialog als zweiseitige, symmetrische Kommunikation. Auch wenn als Ergebnis der Inhaltsanalyse eine **personalisierte Ansprache** auf Adressatenebene festzustellen ist, erreicht diese nicht die Ebene des Dialogs. Die Ergebnisse der in 4.3 zitierten Studien, nach denen **Information die dominante Kommunikationsfunktion** auf Social Media ist, können damit bestätigt werden.

Beziehungsaufbau ist darüber hinaus – so eines der zentralen Ergebnisse – von den anvisierten Zielen und Zielgruppen abhängig. Da die *SOS Kinderdörfer weltweit* und die *Malteser* eine externe Bindungsstrategie sowie eine interne Bindungs- und Partizipationsstrategie verfolgen, sind für diese zwei NPOs eher Elemente der symmetrischen zweiseitigen Kommunikation und Dialogangebote zu konstatieren als für die christlichen Hilfswerke, die eine Themenstrategie verfolgen und beziehungsrelevanten Reputationsaufbau durch Informationsmehrwerte und thematische Positionierung anstreben. Die allgemeine Resonanz auf Beiträge und die Frequenz der Interaktionen fällt insgesamt für die NPOs, die ihre „Community" an sich binden, gemäß den Ergebnissen dieser Studie besser aus als für die, die reine Pressearbeit, aber kein Community Management betreiben. Hier zeichnet sich bereits ein Ergebnis ab, das im Rahmen weiterer Forschungsarbeiten untersucht und validiert werden müsste, um repräsentative Aussagen über den Zusammenhang zwischen Zielgruppenbindung, gewählter Social Media Strategie, Art des reputationsrelevanten Beziehungsaufbaus und der Interaktion bzw. Dialogfrequenz treffen zu können.

Zusammenfassend lassen sich für die Nutzung von Social Media PR für das Reputationsmanagement die folgenden zentralen Erkenntnisse als Antwort auf die erste Forschungsfrage festhalten:

Selektion von reputationsrelevanten Themen und Themendarstellung

- Themenspezifische Reputationsrelevanz manifestiert sich zumeist über die *kontextuelle* Ebene oder über *prozessuale* Handlungen, die positiv auf die Reputation ausstrahlen.
- Die Themen sind zumeist *Berichte über Erfolge, über Zielsetzungen und Zielerfüllung, Geschichten über die Organisation und Einzelschicksale* sowie *werteorientierte Stellungnahmen zu Missständen*, die allesamt Teildimensionen der Reputation wie die Herstellung von Transparenz, Vertrauen, Akzeptanz, positiver Wahrnehmung und Unterstützungspotenzialen begünstigen.
- Bei der Darstellung liegt der Fokus demzufolge auf Fakten, Personen sowie Emotionen und verknüpft diese mit aktuellen Ereignissen und Geschichten aus dem Organisationsumfeld.

Reputationsrelevante Narrationstechniken

- Ein zentraler reputationsrelevanter Narrationsmodus ist der Bezug auf Anspruchsgruppen und deren Beziehungen mit der Organisation (*Reputation as relationships*) sowie das Erzählen von Geschichten rund um die Organisation (*Reputation as symbolic capital),* analog dazu sind Visualisierung und Storytelling häufig gewählte Narrationstechniken.
- Der gewählte Stil changiert zwischen erzählend und berichtend, dabei werden Zielgruppen zumeist geduzt und auf personalisierter Ebene angesprochen.

Reputationsrelevanter Beziehungsaufbau

- Die zum Beziehungsaufbau verfolgte Kommunikationsfunktion ist Information, die Intention besteht vornehmlich darin, vom sozialen Engagement sowie der individuellen Kompetenz und Expertise in der sozialen-moralischen Pflichterfüllung zu berichten oder an die Gefühle zu appellieren.
- Andeutungen von Dialogangeboten finden sich auf *Facebook* eher bei den NPOs, die schon mehr Community Management betreiben und auch per se und offline eine stärkere Community der Ehrenamtlichen und SpenderInnen an sich gebunden haben wie die *Malteser* und die *SOS Kinderdörfer weltweit.*
- Die beiden Organisationen, die über eine starke und aktive Gemeinschaft verfügen, verzeichnen mehr positive Resonanz in Form von „Likes" und positiven Kommentaren sowie eine intensivere Interaktion.
- Da diese Interaktionen deutlich mehr über *Facebook* ablaufen und auch Narrationstechniken wie Visualisierung und Storytelling intensiver genutzt werden können, ist aktuell *Facebook* eine höhere Reputationsrelevanz für NPOs zuzusprechen als dem Kurznachrichtendienst *Twitter.*

Viele dieser aus der Inhaltsanalyse gewonnenen Ergebnisse zur Nutzung korrespondieren mit den Antworten der ExpertInnen in den Interviews. Dass Dialog (noch) kein realistisches Kommunikationsszenario ist, wurde ebenso wie die eher verhaltene *Twitter* Nutzung mehrheitlich eingeräumt. Obwohl der Interaktionsgrad und insbesondere der Dialog auf Social Media besser sein könnte, werden Kontrolle und direktes Feedback durch die UserInnen als zentrale Chance für die Ableitung von reputationsrelevanten Nutzungspotenzialen erachtet. Welche weiteren Nutzungspotenziale in den ExpertInneninterviews identifiziert werden konnten, beleuchtet das folgende Kapitel als Antwort auf die zweite Forschungsfrage: **Welche Nutzungspotenziale lassen sich aus Social Media PR für das Reputationsmanagement ableiten?**

7.2 Überarbeitetes Modell: Social Media PR – Reputationsmanagement durch vernetzte Markenbildung

Trotz der zuvor konstatierten organisationsspezifischen Differenzen in der Zielgruppenansprache und den daraus resultierenden Nuancen in Themenwahl und sprachlich-stilistischer Gestaltung, lässt sich als zentrales Ergebnis der typologischen Betrachtung festhalten, dass alle vier NPOs durch die Kommunikationsdimensionen Themendarstellung, Narrationstechnik und Beziehungsaufbau Reputationsrelevanz auf Social Media generieren. Diese drei Dimensionen wurden in einem theoretischen Modellentwurf in Kapitel 5.1 als reputationsrelevante Dimensionen für Social Media beschrieben und mit den Ursachen- sowie Wirkungsdimensionen im medialen und vormedialen Raum verknüpft. Die Ergebnisse der empirischen Untersuchung bestätigen, dass die Kommunikationsdimensionen auf eine Social Media PR angewandt werden können, die als Teilaufgabe des Reputationsmanagements fungiert. Social Media PR entfaltet durch die präsentierten Themen sowie die sprachlich-stilistische Aufbereitung der Themen und ihrer beziehungsaufbauenden Ansprache von Zielgruppen reputationsstiftende Wirkungen. Diese kann durch Gestaltungsparameter auf der strategisch-kommunikativen, der operativ-kommunikativen sowie der organisationstrukturellen und personellen Ebene optimiert werden und zur Ausschöpfung von Potenzialen für das Reputationsmanagement genutzt werden.

Die folgende Abbildung überarbeitet den theoretisch fundierten Modellentwurf und integriert die auf Basis der aus der empirischen Untersuchung gewonnenen Erkenntnisse zu **Gestaltungsparametern und Nutzungspotenzialen** der Social Media PR. Für einen leichteren Zugang wird dabei auf eine wiederholte Abbildung der Ursachen- und Wirkungsdimensionen verzichtet, da erstere bereits hinlänglich diskutiert und letztere intuitiv über die Reflexion der Nutzungspotenziale ableitbar sind.

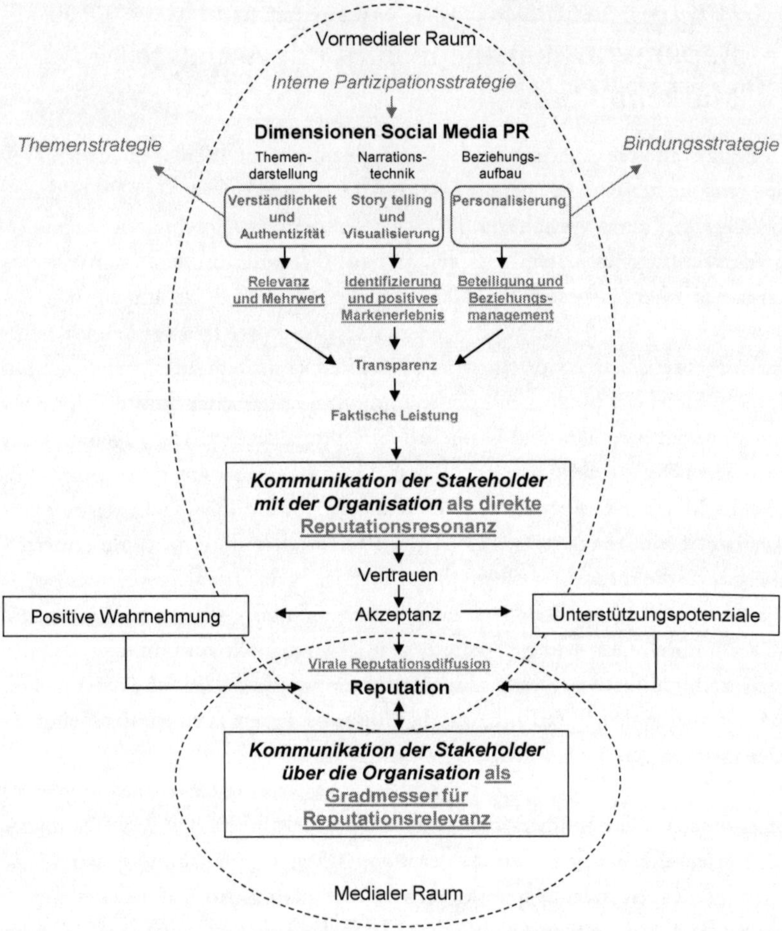

Abbildung 9: Reputationsmanagement durch Social Media PR
Quelle: eigene Darstellung

Auf einer übergeordneten strategisch-kommunikativen Ebene spielt die *interne Partizipationsstrategie*[34], die *strategische Verankerung von Social Media PR in ein*

34 Gestaltungsparameter sind im folgenden Text als Antwort auf die Forschungsfrage kursiv geschrieben, Nutzungspotenziale sind hingegen in Fettschrift aufgeführt.

integriertes Kommunikationskonzept, eine zentrale Rolle. Dieser lassen sich weitere organisationsstrukturelle und personelle Gestaltungsparameter unterordnen: *Die Integration von Social Media in die internen Organisationstrukturen* und *die Einbindung der MitarbeiterInnen* in die übergeordnete Social Media Strukturen sind wesentliche Gestaltungsparameter, die sich aus den ExpertInneninterviews ableiten lassen. Zum Erfolg einer Social Media PR trägt überdies ein kompetentes Social Media Team bei, dem es trotz Orientierung an kommunikationsstrategischen Vorlagen erlaubt sein muss, innerhalb gewisser Richtlinien frei zu arbeiten und Akzente in der Themendarstellung zu setzen.

Die Themenstrategie beschreibt die Intention, sich durch die Wahl eines Themas abzugrenzen und sich durch Expertise in diesem Themengebiet zu profilieren. Wie die *Bindungsstrategie,* die darauf abzielt, Zielgruppen so einzubinden, dass sie im besten Fall zu Multiplikatoren werden, setzt sie auf der strategisch-kommunikativen Ebene der Gestaltungsparameter an. Auf der operativ-kommunikativen Ebene sorgt eine *verständliche und authentische Themendarstellung* für die Wahrnehmung von Relevanz und inhaltlichem Mehrwert bei den Zielgruppen. Das Nutzungspotenzial eines **positiven Markenerlebnisses** und einer daraus resultierenden *höheren Identifikation* wird hingegen durch den Einsatz von Narrationstechniken wie Storytelling und Visualisierung erzeugt. Eine auf Ebene der Zielgruppenansprache *personalisierte Kommunikation* begünstigt **Beteiligung und Beziehungsmanagement als Nutzungspotenziale. Mobilisierung von Fürsprechern für die Organisation** und **neue Möglichkeiten der Begegnung und Partizipation** sind weitere Nutzungspotenziale, die durch eine personalisierte Kommunikation auf Ebene des Beziehungsaufbaus zu erreichen sind.

Für die volle Ausschöpfung dieser Potenziale ist Transparenz unumgänglich – sie fungiert auf Social Media deswegen zugleich als Gestaltungsparameter für die kommunikative Umsetzung der drei Dimensionen und als Nutzungspotenzial, das Vertrauen und damit langfristig Reputation herstellt. Um dieses Vertrauen in die Organisation aufzubauen, ist Transparenz nicht nur auf der kommunikativen Ebene abzubilden. Vielmehr geht es darum, auch faktisch Leistung zu erbringen und damit zu zeigen, dass eine Organisation da ist, wenn sie gebraucht wird. Dass eine Organisation eben diese Leistung erbringt, verbreitet sich im vormedialen Raum extrem schnell: **Virale Reputationsdiffusion** gehört damit ebenso zu den

Nutzungspotenzialen wie die **direkte Reputationsresonanz** in der Kommunikation mit Anspruchsgruppen auf Social Media. UserInnen-Kommentare fungieren als **Gradmesser für die Reputationsrelevanz** von Themen und spiegeln Wahrnehmungen von Anspruchsgruppen über die NPO als Marke wider.

Da einige der abgeleiteten Nutzungspotenziale, wie z. B. Transparenz oder auch neue Möglichkeiten des Beziehungsmanagements und der vernetzten Begegnungen im virtuellen Raum den Potenzialen der Nonprofit-PR (Transparenz, hohe Vernetzung, Vertrauensvorschuss für den Beziehungsaufbau) entsprechen, kann die Nonprofit-PR diese ihr a priori gegebenen positiven Distinktionsmerkmale für ein erfolgreiches Reputationsmanagement nutzen. Auch die in der Literatur als Potenzial identifizierte Themenexpertise kann auf Social Media abgebildet werden, um verständliche, authenthische und transparente Kommunikation als Gestaltungsparameter auszubauen. Die Nonprofit-PR kann ihre genuinen Potenziale auf Social Media weiter ausschöpfen und dabei mit den aufgezeigten Nutzungspotenzialen des Reputationsmanagement verknüpfen: Reputationsmanagement auf Social Media, also Reputationsmanagement 2.0 wird damit den Ergebnissen der theoretischen Analyse und der empirischen Untersuchung zufolge eine Aufgabe der Kommunikation und damit auf der operativen Ebene auch der PR in NPOs.

Social Media PR erfüllt dabei die beschriebenen reputationsrelevanten Funktionen der thematischen Positionierung, der Vertrauensbildung und des Beziehungsaufbaus und trägt damit zur Markenbildung bei. Damit bleibt als zentrales Erkenntnis für die Wissenschaft festzuhalten, dass Social Media PR Markenbildung und Markenaufbau in NPOs, die relevant für die Entstehung von Reputation sind, unterstützt. Reputationsmanagement durch Social Media PR zielt auf vernetzte Markenbildung und zwar vernetzt im doppelten Sinne: zum einen durch die Integration der Social Media PR in ein strategisches Kommunikationskonzept, zum anderen durch die Verknüpfung von medialem und vormedialem Raum als Schnittstelle zwischen Top-Down und Bottom-Up betriebener reputationsrelevanter Markenbildung. Die Analyse einer übergeordneten Markenbildungsstrategie für das Reputationsmanagement, die Social Media PR als Kommunikationsinstrument in den klassischen Kommunikationsmix einbindet, bietet einen Anschlusspunkt für weitere empirische Untersuchungen.

7.3 Kritische Diskussion der Studie

Eine zentrale Herausforderung dieser empirischen Untersuchung lag darin, ein Instrument zu entwickeln, das den Begriff Reputationsmanagement als Teilaufgabe der PR – bzw. in vorliegendem Fall – der Social Media PR messbar macht. Um diesen Anforderungen gerecht zu werden, schien eine Triangulation als sinnvolles Vorgehen: Die Vorteile einer Methodenkombination aus qualitativer Inhaltsanalyse und Leitfadeninterviews bestanden zum einen in der Offenheit des Designs, zum anderen in der Ergänzung der inhaltsanalytisch erhobenen Daten durch die Einschätzung der ExpertInnen. Um diesen Vorteil als solchen zu nutzen, wurde eine Synthese zwischen faktischer Nutzung und reflektierten Nutzungspotenzialen notwendig: Die Ergebnisse beider Erhebungsphasen konnten miteinander synthetisiert werden, da bei der Konzeption der Instrumente für die Inhaltsanalyse und die Befragung das gleiche theoretische Verständnis von Reputationsmanagement zu Grunde gelegt und jeweils darauf geachtet wurde, die Konstrukte in einer gleichen Weise zu operationalisieren.

Da ein solcher Abgleich der Ergebnisse zweier verschiedener methodischen Erhebungen die Aussagekraft der extrahierten Ergebnisse verbessert, ist an dem grundsätzlichen Design der Studie für eine erneute Durchführung nichts zu ändern. Eine Inhaltsanalyse der jeweiligen Social Media Anwendungen, die durch die Aussagen der verantwortlichen KommunikationsexpertInnen ergänzt wird, ist deswegen grundsätzlich zu empfehlen. Natürlich wäre es hier denkbar, das zugrundeliegende Kategorienschema weiter auszubauen oder andere theoriebasierte Indikatoren für das Konstrukt der Reputation auf Social Media zu bilden. An dieser Stelle ist auch kritisch zu hinterfragen, ob manche reputationsrelevante Indikatoren z. B. durch eine skalierte Messung quantifiziert werden könnten

Weiteres Optimierungspotenzial ist auch im Bereich der operativen Umsetzung der Befragung zu identifizieren, da beispielsweise persönliche Interviews aufgrund ihrer direkten Interaktionsmöglichkeiten gegenüber telefonischen Interviews zu präferieren wären. Da dies aus forschungspraktischen Gründen nicht möglich war, oblag es dem Einfühlungsvermögen der Interviewerin am Telefon eine natürliche Gesprächssituation zu erzeugen, die ein gegenseitiges Verstehen ermöglichte, ohne Ergebnisverzerrungen im Vergleich zum face-to-face Interview auftreten zu lassen.

Dies gelang weitestgehend, auch wenn die plötzliche Erweiterung der Gesprächsteilnehmerzahl von einem auf drei ExpertInnen in einem Interview eine gänzlich neue Situation schuf. Hier half jedoch die Orientierung am Leitfaden bei gleichzeitiger Flexibilität, auf neue Aspekte einzugehen, die Dynamik des Gesprächs für die Generierung von Informationsmehrwerten zu nutzen. Da von Anfang an darauf geachtet wurde, alle drei Befragten gleichrangig zu behandeln und zu gleichen Anteilen in die Beantwortung mit einzubeziehen, konnte unerwünschten kommunikativen Hierarchisierungen im Gesprächsverlauf vorgebeugt werden. Der Effekt der sozialen Erwünschtheit ist in solchen Situationen nicht vollumfassend auszuschließen, verliert für dieses Gespräch angesichts der differenzierten und offenen Einschätzungen der betroffenen ExpertInnen jedoch an Gewicht.

Da der Informationsmehrwert durch die Reflexion der Thematik aus unterschiedlichen Kommunikatorperspektiven aussagekräftige und stimmig abgerundete Ergebnisse ermöglichte, käme die Konzipierung der Experteninterviews als Gruppengespräche als potenzielle Verbesserungsmöglichkeit für ähnliche Studien in Betracht. Eine Einbeziehung der für das Brand Management bzw. Markenbildung verantwortlichen KommunikationspraktikerInnen würde die Aussagekraft der Ergebnisse weiterhin verbessern, da gerade Markenbildung und Markenmanagement von den Interviewten als wichtige Eckpfeiler der Reputation genannt wurde. Positiv auf die Aussagekraft der Ergebnisse würde sich auch eine Erweiterung des Untersuchungsmaterials für die Inhaltsanalyse auswirken: So könnten also z.B. statt zwei exemplarischer Wochen pro Saison, mehrere Wochen analysiert werden oder sogar mehrere künstliche Wochen gebildet werden. Da bei der Ergebnisauswertung keine systematisch auftretenden Verzerrungen festzustellen waren, konnte man auch mit dem Verfahren der Stichprobenziehung eine Repräsentativität für das gesamte Jahr annehmen und auf dieser Basis valide Aussage treffen.

Dennoch wäre eine Hinzufügung weiterer Wochen sowie insgesamt weiterer NPOs derselben oder einer unterschiedlichen Organisationstypologie wünschenswert, um die Aussagekraft noch weiter zu verbessern und über tendenzielle Nutzungsmuster hinaus immer wiederkehrende Muster und mögliche Korrelationen zwischen verschiedenen reputationsrelevanten Faktoren wie Themenwahl und Themendarstellung, Narrationstechnik, Beziehungsaufbau und Resonanz bzw. Interaktion der adressierten Zielgruppe identifizieren zu können. Dieser Vorstellung käme wohl am ehesten eine Langzeitstudie über die Social Media Nutzung von NPOs nahe, die auch andere reputationsrelevante Social Media Anwendungen, wie z. B. Blogs, in die Analyse mit einbezieht und diese auch durch quantitative Methoden auswertet. Aufgrund ihrer ausschließlich qualitativen Vorgehensweise sowie der Konzentration auf aufgesuchte Fallbeispiele kann die vorliegende Studie indessen keine vollumfassende Repräsentativität für sich beanspruchen. Nichtsdestotrotz bietet sie mit dem in 7.2. vorgestellten Modell des Reputationsmanagements durch Social Media PR eine anschlussfähige Basis für weitere Studien, die dieses als theoretische Grundlage für eine empirische Untersuchung verbessern und weiterentwickeln sowie dessen Anwendbarkeit auf das Reputationsmanagement von Profit-Organisationen überprüfen könnten.

7.4 Desiderata und Ausblick

Als weitere Anknüpfungspunkte für künftige wissenschaftliche Untersuchungen bietet sich zudem eine mögliche Konzentration auf einen anderen Organisationstypus, wie z. B. auf große, Kampagnen führende Umweltorganisationen *(Greenpeace, WWF)* an, die der Branchenexperte als Beispiel für gelungenes Community Management anführt. Hier würde sich der Fokus der Forschungsfrage dann auf Gestaltung von Community Management und Relationship Management als Teildimension der Reputation konzentrieren und untersuchen, ob Dialog stärker zum Beziehungsaufbau genutzt wird als von karitativen Organisationen. Letztere nutzen allerdings bereits mehr oder weniger intensiv Elemente des Storytellings und der Visualisierung als Narrationstechnik und beurteilen diese als Gestaltungsparameter für die künftige Nutzung von Social Media PR – ein Ergebnis, das ebenso weiterer Forschung bedarf: Welche Storytelling Elemente kommen ganz konkret zum Einsatz und wie werden diese in den Kontext der Organisationsgeschichte verwoben? Gibt es bestimmte wiederkehrende Muster und wie verhält sich das Social Media Storytelling im Vergleich zu Storytelling durch klassische Kommunikationsinstrumente? Diese Frage nach spezifischen Nutzungsmustern und kommunikativen Erzähltechniken verweist ganz allgemein auf das Desiderat, die Nonprofit-PR künftig noch genauer zu untersuchen und im Hinblick auf ziel- und zielgruppenspezifische Funktionen sowie Gestaltungsparameter zu analysieren.

Dass einige der Befragten die interne Organisations- und Kommunikationsstruktur als Gestaltungsparameter benennen und dabei das Reputationsmanagement als interne Aufgabe der Organisation bezeichnen, ist ein interessanter Aspekt und Forschungsansatz, dem so in der Literatur noch keine umfassende Bedeutung geschenkt wird. Die Befragten beschreiben jedoch eine Einbindung der eigenen MitarbeiterInnen in die übergeordnete Strategie eines kommunikativen Reputationsmanagements als notwendig. So muss das „Reputationsgenerierende von Social Media" auch „Auswirkungen in die eigene Organisation" haben. Diese Feststellung führt letztendlich zu der Fragestellung, wie „internes Reputationsmanagement" als Teilaufgabe der internen Kommunikation zu definieren ist und wie es organisationsspezifisch umgesetzt wird. Wenn Reputation nach „innen und außen" wirkt, dann besteht – über den Forschungsgegenstand der NPOs hinausgehend – ein Desiderat für weitere Forschungsarbeiten auch darin, die Begrifflichkeit „Internes Reputationsmanagement" als solche einzuführen und auf Basis empirischer Untersuchungen in einem integrierten, strategischen Modell mit den bisherigen Ansätzen zum „externen" Reputationsmanagement zu fusionieren.

Ganzheitlich bedeutet in diesem Kontext dann nicht nur die strategische Aufteilung der Aufgaben des Reputationsmanagements unter verschiedenen Abteilungen, sondern auch die Ausrichtung der kommunikativen Aufgaben des Reputationsmanagements nach innen: Es geht darum, MitarbeiterInnen für die organisationsspezifische Reputation und die reputationsrelevanten Werte und Handlungskontexte zu sensibilisieren. Dies ist umso wichtiger, wenn sie – gerade auf Social Media – zu Fürsprechern der Organisation werden sollen. So gesehen muss man auch mit den eigenen MitarbeiterInnen reden, Positives nach innen lenken, damit diese das Positive nach außen weitergeben und gut über die Organisation reden bzw. posten: „Gut" heißt dabei, bereits erbrachte, positive Leistungen ebenso positiv darzustellen: mit der richtigen Themenwahl zum richtigen Zeitpunkt, mit im Themenkontext passenden Narrationstechniken und vor allem mit der Bereitschaft, nicht nur über das Gute, sondern auch über das Gute **mit** den direkt angesprochenen und einbezogenen Zielgruppen zu reden.

8 Literaturverzeichnis

Aula, Pekka (2011): Meshworked reputation: Publicists' views on the reputational impacts of online communication, in: *Public Relations Review,* Jg. *37,* Nr. 1, S. 28–36.

Anheier, Helmut K./Seibel, Wolfgang (2001): *The Nonprofit Sector in Germany. Between State Economy and Society,* Manchester/New York: Manchester University Press.

Avenarius, Horst (2000): *Public Relations. Die Grundform der gesellschaftlichen Kommunikation,* Darmstadt: Wissenschaftliche Buchgesellschaft.

Barnes, Nora/Mattson, Eric (2008): Still Setting the Pace in Social Media: The first Longitudinal Study of Usage by the Largest US Charities, [online] http://www.umassd.edu/media/umassdartmouth/cmr/studiesandresearch/socialmediacharity.pdf [20.03.2013].

Belz, Christian (2008): Märkte sind Gespräche, in Christian Belz/Marcus Schögel/Oliver Arndt/Verena Walter (Hrsg.), *Interaktives Marketing. Neue Wege zum Dialog mit Kunden,* Wiesbaden: Gabler, S. 21–31.

Bentele, Günter/Seidenglanz, René (2008): Vertrauen und Glaubwürdigkeit, in: Günter Bentele/Romy Fröhlich/Peter Szyska (Hrsg.), *Handbuch der Public Relations. Wissenschaftliche Grundlagen und berufliches Handeln. Mit Lexikon,* Wiesbaden: VS, S. 346–362.

Bentele, Günter (2008): Reputation. Lexikoneintrag, in: Günter Bentele/Romy Fröhlich/Peter Szyska (Hrsg.), *Handbuch der Public Relations. Wissenschaftliche Grundlagen und berufliches Handeln. Mit Lexikon,* Wiesbaden: VS, S. 621.

Berns, Stefan (2010): Empfehlungsmarketing mit Twitter, in Anne M. Schüller/Torsten Schwarz (Hrsg.), *Leitfaden WOM Marketing,* Waghäusel: Marketing-Börse GmbH, S. 229–239.

Bitkom (2011): Eine repräsentative Studie zur Nutzung sozialer Netzwerke, [online] http://www.bitkom.org/files/documents/BITKOM_Publikation_Soziale_Netzwerke.pdf [06.03.2013].

Bogner, Alexander/Menz, Wolfgang (2009): Das theoriegenerierende Experteninterview. Erkenntnisinteresse, Wissensformen, Interaktion, in Alexander Bogner/Beate Littig/Wolfgang Menz (Hrsg.), *Experteninterviews,* Wiesbaden: VS Verlag, S. 61–99.

Brömmling, Uwe (2007): *Non-Profit-PR,* Konstanz: UVK.

Bruhn, Manfred (2005): *Marketing für Nonprofit-Organisationen. Grundlagen-Konzepte-Instrumente*, Stuttgart: Kohlhammer.

Busemann, Katrin/Gscheidle, Christoph (2011): Web 2.0 Aktive Mitwirkung verbleibt auf niedrigem Niveau, [online] http://www.media-perspektiven.de/uploads/tx_mppublications/0708-2011_Busemann_Gscheidle.pdf [06.03.2013].

Buß, Eugen (2007). Image und Reputation – Werttreiber für das Management, in Manfred Piwinger/Ansgar Zerfaß (Hrsg.), *Handbuch Unternehmenskommunikation*, Wiesbaden: Gabler, S. 227–245.

Curtis, Lindley/Edwards, Carrie/Fraser, Kristen L. / Gudelsky, Sheryl/Holmquist, Jenny/Thornton, Kristin/Sweetser, Kaye D. (2010): Adoption of social media for public relations by nonprofit organizations, in: *Public Relations Review*, Jg. *36*, Nr. 1, S. 90–92.

David, Sabria (2012): Das Ende der Simulation: Über den Unterschied zwischen „authentisch wirken" und „authentisch sein", in: Béla Anda/Stefan Endrös/Jochen Kalka/Sascha Lobo (Hrsg.), *SignsBook – Zeichen setzen in der Kommunikation*, Wiesbaden: Springer Gabler, S. 65–70.

Dyer, Sam/Buell, Teri/Harrison, Mashere/Weber, Sarah (2002): Managing Public Relations in Nonprofit Organizations, in: *Public Relations Quarterly*, Jg. *47*, Nr. 4, S. 14–17.

Ebersbach, Anja/Glaser, Markus/Heigl, Richard (2011): *Social Web*, Konstanz: UVK.

Eck, Klaus (2010): *Transparent und glaubwürdig. Das optimale Online Reputation Management für Unternehmen*, München: Redline.

Eck, Klaus (2012): Online-Reputation Management: Erfolgreich im Zeitalter der Transparenz, in: Béla Anda/Stefan Endrös/Jochen Kalka/Sascha Lobo (Hrsg.), *SignsBook – Zeichen setzen in der Kommunikation*, Wiesbaden: Springer Gabler, S. 139–146.

Eisenegger, Mark/Imhof, Kurt (2009): Funktionale, soziale und expressive Reputation – Grundzüge einer Reputationstheorie, in Ulrike Röttger (Hrsg.) *Theorien der Public Relations Grundlagen und Perspektiven der PR-Forschung*, Wiesbaden: VS, S. 243–265.

Emler, Nicholas (1990): A Social Psychology of Reputation, in: *European Review of Social Psychology*, Jg. *1*, S. 171–193.

Fahrenbach, Christian (2012): *Reputationsorientiertes Themen- und Issues-Management. Konzeption, Regelbetrieb, Weiterentwicklung*, Dissertation an der Universität Hohenheim [online] http://opus.ub.uni-hohenheim.de/volltexte/2012/670/ [20.03.2013].

Flick, Uwe (2011): *Qualitative Sozialforschung. Eine Einführung*, Reinbek bei Hamburg: Rowohlt.

Fombrun, Charles J. (1996): *Reputation. Realizing value from the corporate image*, Boston: Harvard Business School Press.

Fombrun, Charles J. / Gardberg, Naomi A. / Sever, Joy M. (2000): The Reputation Quotient. A multi-stakeholder measure of corporate reputation, in: *The Journal of Brand Management*, Jg. 7, Nr. 4, S. 241–255.

Fombrun, Charles J. / Riel, Cees B.M. van (2004): *Fame & Fortune. How Successful Companies Build Winning Reputations*, New Jersey: Prentice Hall.

Fombrun, Charles J. / Low, Jonathan (2011): The real value of reputation, in: *Communication* World, Jg. 28, Nr. 6, S. 18–22.

Früh, Werner (1991): Inhaltsanalyse. Theorie und Praxis, München: Ölschläger.

Gallardo, L. (2011): The five Rs of reputation, in: Communication World, Jg. 28, Nr. 6, S. 48.

Gibson, Dirk/Gonzales, Jerra Leigh/Castanon, Jaclynn (2006): The Importance of Reputation and the Role of Public Relations, in Public Relations Quarterly, Jg. 51, Nr. 3, S. 15–18.

Gläser, Joachim/Laudel, Grit (2010): Experteninterviews und qualitative Inhaltsanalyse, Wiesbaden: VS.

Grunig, James E. / Hunt, Todd (1984): *Managing Public Relations*, London: Rinehart and Winston.

Ha, Louisa/James, E. Lincoln (1998): Interactivity reexamined. A baseline analysis of early business web sites, in: *Journal of Broadcasting & Electronic Media*, Jg. 42, Nr. 4, S. 457–474.

Hildenbrand, Bruno (1995): Fallrekonstruktive Forschung, in: Uwe Flick, Ernst v. Kardorff, Heiner Keupp, Lutz v. Rosenstiel (Hrsg.), *Handbuch Qualitative Sozialforschung*, Weinheim: Beltz, S. 256–260.

Hilker, Claudia (2010): *Social Media für Unternehmer: Wie man Xing, Twitter, Youtube und Co. erfolgreich im Business einsetzt*, Wien: Linde.

Hoffmann, Christian Pieter (2011): Holding sway, in: *Communication World*, Jg. *28*, Nr. 6, S, 26–29.

Horak, Christian/Matul, Christian/Scheuch, Fritz (2007): Ziele und Strategien von NPOs, in: Christoph Badelt/Michael Meyer/Ruth Simsa (Hrsg.), Handbuch der Nonprofit Organisationen. Strukturen und Management, Stuttgart: Schäffer-Poeschel, S. 178–201.

Huber, Nathalie (2006): Den Motiven auf der Spur. Chancen und Grenzen von qualitativen Studien zur Mediennutzung, in: Michael Meyen/Nathalie Huber (Hrsg.), *Medien im Alltag. Qualitative Studien zu Nutzungsmotiven und zur Bedeutung von Medienangeboten,* Münster: Lit, S. 13–43.

Hubig, Christoph/Siemoneit, Oliver (2007):Vertrauen und Glaubwürdigkeit in der Unternehmenskommunikation, in Manfred Piwinger/Ansgar Zerfaß (Hrsg.), *Handbuch Unternehmenskommunikation,* Wiesbaden: Gabler, S. 171- 188.

Iltger, Andrea/Künzler, Simon (2008): Web 2.0 – schon mehr als ein Hype, in Christian Belz/Marcus Schögel/Oliver Arndt/Verena Walter (Hrsg.), *Interaktives Marketing. Neue Wege zum Dialog mit Kunden,* Wiesbaden: Gabler, S. 237–257.

Inauen, Sarah/Schoeneborn Dennis/Scherer, Andreas Georg (2011): *Twitter and its usage for dialogic communication by MNC's and NGOs,* Working Paper No. 208, University of Zurich.

Ingenhoff, Diana (2007): Integrated Reputation Management System (IReMS): Ein integriertes Analyseinstrument zur Messung und Steuerung von Werttreibern der Kommunikation, in *PR-Magazin*, Jg. 38, Nr. 7, S. 55–62.

Ingenhoff, Diana/Röttger, Ulrike (2008): Issues Management, in: Miriam Meckel/Beat Schmid (Hrsg.), *Unternehmenskommunikation*, Wiesbaden: Gabler, S. 323–354.

Ingenhoff, Diana/Bredl, Martin (2010): Integriertes Reputationsmanagementsystem der Telekom Austria, in Jörg Pfannenberg/Ansgar Zerfaß (Hrsg.), *Wertschöpfung durch Kommunikation. Kommunikations-Controlling in der Unternehmenspraxis,* Frankfurt am Main: FAZ-Verlag, S. 239–250.

Ingenhoff, Diana/Koelling, Martina A. (2010): Web Sites as a Dialogical Tool for Charitable Fundraising NPOs: A Comparative Study, in: *International Journal of Communication*, Jg. *4*, S. 171–188.

Islinger, Julian (2012): Herr, schmeiß PR-Berater vom Himmel. Die Kirche und der Sex, [online] http://www.blauenarzisse.de/index.php/anstoss/item/3212-herr-schmei%C3%9F-pr-berater-vom-himmel-die-kirche-und-der-sex [11.03.2013].

Jansen, Stephan A. (2010): Undurchsichtige Transparenz – Ein Manifest der Latenz. Oder was wir aus Terrornetzwerken, von Geldautomatensprengungen und Bankenaufsicht lernen könnten, in: Stephan A. Jansen/Eckhard Schröter/Nico Stehr (Hrsg.), *Transparenz. Multidisziplinäre Durchsichten durch Phänomene und Theorien des Undurchsichtigen*, Wiesbaden: VS, S. 23–40.

Kent, Michael L. / Taylor, Maureen (1998): Building dialogic relationships through the World Wide Web, in: *Public Relations Review*, Jg. *24*, Nr. 3, S. 321–334.

Kilian, Thomas/Hass, Berthold H. / Walsh, Gianfranco (2008): Grundlagen des Web 2.0, in Thomas Kilian/Berthold H. Hass/Gianfranco Walsh (Hrsg.), *Web 2.0. Neue Perspektiven für Marketing und Medien*, Berlin: Springer, S. 3–21.

Klein, Arnim (2005): *Kultur-Marketing. Das Marketing-Konzept für Kulturbetriebe,* München: Deutscher Taschenbuchverlag.

Klenk, Volker/Hanke, Daniel J. (2009): Corporate Transparency. Wie Firmen die steigende Anforderungen an unternehmerische Transparenz meistern, in: *Kommunikationsmanager*, Jg. 2009, Nr. 12, S. 64–66.

Körner, Alexander (2010): Ein roter Faden im Begriffsdschungel, in Anne M. Schüller/Torsten Schwarz (Hrsg.), *Leitfaden WOM Marketing*, Waghäusl: Marketing-Börse GmbH, S. 22–27.

Kotler, Philip (1982): *Marketing für Nonprofit-Organisationen,* New Jersey: Prentice Hall.

Kotler, Philip (2004): *Kotlers Marketing Guide. Die wichtigsten Ideen und Konzepte,* Frankfurt am Main: Campus.

Krzeminski, Michael (1996): PR der Nonprofit-Organisationen, in: Günther Schulze-Fürstenow/Bernd-Jürgen Martini (Hrsg.), *Handbuch der PR. Öffentlichkeitsarbeit in Wirtschaft, Verbänden, Behörden*, Berlin: Luchterhand, S. 1–14.

Langer, Andreas/Schröer, Andreas (2011): *Professionalisierung im Nonprofit Management*, Wiesbaden: VS.

Lester, M.Salomon/Anheier, Helmut K. und Mitarbeiter (1999): *Der dritte Sektor. Aktuelle internationale Trends – Eine Zusammenfassung – The John Hopkins Comparative Nonprofit Sector Project, Phase II,* Gütersloh: Bertelsmann.

Li, Charlene/Bernoff Josh (2008): *Facebook, You Tube, Xing & Co.,* München: Hanser.

Liehr-Gobbers, Kerstin/Peters, Paul/Zerfaß, Ansgar (2009): Reputationsmessung. Grundlagen und Verfahren [online] http://www.communicationcontrolling.de/fileadmin/communicationcontrolling/pdf-dossiers/communicationcontrolling-de_Dossier1_Reputationsmessung_April2009_o.pdf [6.03.2013].

Lubasch, Thomas/Böhm, Fabian/Nöll, Florian (2010): Social Media Report. Nonprofit-Organisationen starten ins Social Web, [online] http://www.spendino.de/social-media-report/studie.html [6.03.2013].

Lovejoy, Kristen/Saxton, Gregory D. (2012): Information, Community and Action: How Nonprofit Organizations Use Social Media, in *Journal of Computer-Mediated Communication*, Jg. *17*, S. 337–353.

Luhmann, Niklas (2000): *Vertrauen, Ein Mechanismus der Reduktion sozialer Komplexität*, Stuttgart: Lucius & Lucius.

Luthe, Detlef (1997): *Fundraising als beziehungsorientiertes Marketing. Entwicklungsaufgabe für Nonprofit-Organisationen.* Augsburg: Maro.

Mast, Claudia (2012): *Neuorientierung im Wirtschaftsjournalismus Redaktionelle Strategien und Publikumserwartungen,* Wiesbaden: Springer.

Matzke, Sandro (2001): TNS-EMNID-Spendenmonitor: Attentate von New York drückten Spenderquote in Deutschland, in: *BSM Newsletter*, Frankfurt 1/02, S. 9.

Mayring, Philipp (2010): Qualitative Inhaltsanalyse, in Uwe Flick/Ernst v. Kardorff/Ines Steinke (Hrsg.), *Qualitative Forschung. Ein Handbuch,* Reinbek bei Hamburg: Rowohlt, S. 468–475.

Meckel, Miriam (2007): Corporate Culture 2.0 – Ansprüche an die Unternehmenskultur in der Mediengesellschaft, [Online-Präsentation] https://www.tu-braunschweig.de/Medien-DB/geschichte/meckel.pdf http [20.03.2013].

Meckel, Miriam (2008): Reputationsevangelisten und Reputationsterroristen. Unternehmenskommunikation 2.0, in: Miriam Meckel/Katarina Stanoevxka-Slabeva (Hrsg.), *Web 2.0. Die nächste Generation Internet*, Baden-Baden: Nomos, S. 109–130.

Merton, Robert K. / Kendall, Patricia L. (1979): Das fokussierte Interview, in Christel Hopf, Elmar Weingarten (Hrsg.), *Sozialforschung*, Stuttgart: Klett-Cota, S. 171–204.

Meyen, Michael/Löblich, Maria/Pfaff-Rüdiger, Senta/Riesmeyer, Claudia (2011): *Qualitative Forschung in der Kommunikationswissenschaft. Eine praxisorientierte Einführung*, Wiesbaden: VS.

Naudé Annelie M. E. / Froneman Johannes D. / Atwood, Roy A. (2004): The use of the internet by ten South African non-governmental organizations – a Public Relations perspective, in: *Public Relations Review,* Jg. *30*, Nr. 1, S. 87–94.

Nawratil, Ute (2009): Das qualitative Interview. Die Darstellung von Erfahrungen, in Hans Wagner/Philomen Schönhagen/Ute Nawratil/Heinz Starkulla (Hrsg.), *Qualitative Methoden in der Kommunikationswissenschaft,* Baden-Baden: Nomos, S. 319–331.

Nawratil, Ute/Schönhagen, Philomen (2009): Die qualitative Inhaltsanalyse. Rekonstruktion der Kommunikationswirklichkeit, in Hans Wagner/Philomen Schönhagen/Ute Nawratil/Heinz Starkulla (Hrsg.), *Qualitative Methoden in der Kommunikationswissenschaft,* Baden-Baden: Nomos, S. 333–342.

Niederhäuser, Markus/Rosenberger, Nicole (2011): *Unternehmenspolitik, Identität und Kommunikation,* Wiesbaden: Gabler.

Nielsen, Jakob (2006): Participation Inequality: Encouraging More Users to Contribute, [online] http://www.nngroup.com/articles/participation-inequality/ [18.03. 2013].

Nielsen Consumer Research (2009): Persönliche Empfehlung geniesst höchstes Vertrauen, [online] www.online-marketing-podcast.de/2009/nielsen-studie-persoenliche-empfehlung-geniesst-hoechstes-vertrauen/898/ [18.03.2013].

Parth, Christian (2007): Ein Herz für Berater, [online] http://www.zeit.de/online/2007/52/unicef-skandal/seite-1 [11.03.2013].

Peters, Paul (2011): *Reputationsmanagement im Social Web. Risiken und Chancen für Unternehmen, Reputation und Kommunikation,* Köln: Social Media Verlag.

Pfannenberg, Jörg (2011): Web 2.0 in der Unternehmenskommunikation. Ziele und Strategie, in: Jörg Pfannenberg (Hrsg.), *Corporate Communications im Web 2.0,* Düsseldorf: PR Career Center, S. 6–18.

Pleil, Thomas (2005): Nonprofit-PR: Besonderheiten und Herausforderungen, [online] www.thomas-pleil.de/downloads/Pleil_Nonprofit-PR-Suk.pdf [11.12.2012].

Pleil, Thomas (2010a): Social Media und ihre Bedeutung für die Öffentlichkeitsarbeit, in: Maike Kayser; / Justus Böhm/Achim Spiller (Hrsg.), *Die Ernährungswirtschaft in der Öffentlichkeit. Social Media als neue Herausforderung der PR,* [online] http://thomaspleil.wordpress.com/publikationen/ [19.03.2013].

Pleil, Thomas/Studentisches Team (2010b): *Mehr Wert schaffen. Social Media in der B2B-Kommunikation,* Darmstadt: Profilwerkstatt.

Plein, Thomas/Rehn, Daniel (2010): Authentizität im Social Web. Erwartungen der Community an die PR Ausgewählte Befunde, in *PR-Magazin,* Nr. 2, S. 61–66.

Pleil, Thomas (2011): Public Relations im Social Web, in: Gianfranco Walsh/Berthold Haas/Thomas Kilian (Hrsg.), *Web 2.0. Neue Perspektiven für Marketing und Medien*, Berlin: Springer, S. 235–252.

Pujol, Josep M. (2006): *Structure in Artificial Societies,* Dissertaion Universitat Politècnica De Catalunya.

Pörksen, Bernhard/Dettel Hanne (2012): Skandal 2.0. Die neue Logik der Enthüllung, Schwierigkeiten der Reputationskontrolle im digitalen Zeitalter, in: Béla Anda/Stefan Endrös/Jochen Kalka/Sascha Lobo (Hrsg.), *SignsBook – Zeichen setzen in der Kommunikation,* Wiesbaden: Springer Gabler, S. 56–64.

Ray, Augie (2010): Peer Influence Analysis: What it is and how Marketers use it, [online] http://blogs.forrester.com/category/mass_connectors [18.03.2013].

Reed, David P. (2001): The Law of the Pack, [online] http://hbr.org/2001/02/the-law-of-the-pack/ar/1# [18.03.2013].

Redelfs, Manfred (2005): Glaubwürdigkeit in der Politik. Vertrauen in Nichtregierungsorganisationen am Beispiel der Kommunikationsstrategie von Greenpeace, in: Beatrice Dernbach/Michael Meyer (Hrsg.), *Vertrauen und Glaubwürdigkeit. Interdisziplinäre Perspektiven,* Wiesbaden: VS, S. 246–268.

O'Reilly, Tim (2006): Web 2.0 Principles and Best Practices, [online] http://www.oreilly.com/catalog/web2report/chapter/web20_report_excerpt.pdf [18.03.2013].

Reiser, Brigitte (2009): Social Media in der Bürgergesellschaft – Wie können gemeinnützige Organisationen vom Mitmach-Internet profitieren?, [online] http://www.b-b-e.de/fileadmin/inhalte/aktuelles/2009/03/nl02_reiser.pdf [18.03.2013].

Riemer, Kevin (2009): *Kommunikation von Nonprofit-Organisationen. Grundlagen der Kommunikationspolitik und SWOT-Analyse der UNICEF Deutschland,* München: AVM.

Ronneberger, Franz/Rühl, Manfred (1982): *PR der Non-Profit-Organisationen*, Wiesbaden: Flieger.

Ronneberger, Franz/Rühl Manfred (1992): *Theorie der Public Relations. Ein Entwurf,* Opladen: Westdeutscher Verlag.

Röttger, Ulrike/Preusse, Joachim/Schmitt, Jana (2011): *Grundlagen der Public Relations. Eine kommunikationswissenschaftliche Einführung*, Wiesbaden: VS.

Ruhrmann, Georg (2008): Risikokommunikation und Konflikt, in: Günter Bentele/Romy Fröhlich/Peter Szyszka (Hrsg.), *Handbuch der Public Relations. Wissenschaftliche Grundlagen und berufliches Handeln*, Wiesbaden: VS, S. 524–535.

Ruisinger, Dominik (2007): *Online Relations. Leitfaden für moderne PR im Netz*, Stuttgart: Schäffer-Poeschel.

Rybalko, Svetlana / Seltzer, Trent (2010): Dialogic communication in 140 characters or less. How *Fortune 500* companies engage stakeholders using Twitter, in: *Public Relations Review*, Jg. *36*, Nr. 4, S. 336–341.

Scheuch, Fritz (2007): Marketing für NPOs, in Christoph Badelt / Michael Meyer / Ruth Simsa (Hrsg.), *Handbuch der Nonprofit-Organisation*, Stuttgart: Schäffer Poeschel, S. 258–273.

Schindler, Marie-Christine / Liller, Tapio (2011): *PR im Social Web. Das Handbuch für Kommunikationsprofis*, Köln: O' Reilly.

Schmidt, Matthias (2005): Reputationsmangement, in: Matthias Schmidt / Thomas Beschorner (Hrsg.), *Werte-und Reputationsmangement,* München: Rainer Hampp, S. 11–43.

Schmidt, Christiane (2010). Analyse von Leitfadeninterviews, in Uwe Flick / Ernst v. Kardorff / Ines Steinke (Hrsg.), *Qualitative Forschung. Ein Handbuch,* Reinbek bei Hamburg: Rowohlt, S. 447–456.

Scholz, Susanne (1994): Deutsche Public Relations-Gesellschaft e. V. (DPRG), in Günther Schulze-Fürstenow / Bernd-Jürgen Martini (Hrsg.), *Handbuch der PR. Öffentlichkeitsarbeit in Wirtschaft, Verbänden, Behörden*, Berlin: Luchterhand, S. 1–4.

Schütte, Detlef (2008): Nonprofit-PR. Lexikoneintrag, in: Günter Bentele / Romy Fröhlich / Peter Szyska (Hrsg.), *Handbuch der Public Relations. Wissenschaftliche Grundlagen und berufliches Handeln. Mit Lexikon,* Wiesbaden: VS, S. 610.

Sjovaag, Helle / Stavelin, Eirik (2012): Web media and the quantitative content analysis. Methodological challenges in measuring online news content, in *Convergence. The international Journal of Research in New Media Technologies*, [online] http://con.sagepub.com/content/18/2/215 [6.03.2013].

Smith, Brian G. (2010): Socially distributing public relations. Twitter, Haiti, and interactivity in social media, in: *Public Relations Review,* Jg. *36*, Nr. 4, S. 329–335.

Stehr, Nico / Wallner, Cornelia (2010): Transparenz. Einleitung, in: Stephan A. Jansen / Eckhard Schröter / Nico Stehr (Hrsg.): *Transparenz. Multidisziplinäre Durchsichten durch Phänomene und Theorien des Undurchsichtigen*, Wiesbaden: VS, S. 9–19.

Storck, Christopher (2012): Der Wert der Kommunikation, in: *Pressesprecher*, Nr. 8, S. 28–30.

Stötzer, Sandra (2008): Stakeholderorientierte Informations- und Kommunikationspolitik in Nonprofit-Organisationen. Leistungsberichterstattung als Instrument strategischer Beziehungsgestaltung, in Florian Siems/Manfred Brandstätter/Herbert Gölzner (Hrsg.), Anspruchsgruppenorientierte Kommunikation. Neue Ansätze zu Kunden-, Mitarbeiter- und Unternehmenskommunikation, Wiesbaden: VS, S. 402–420.

Szyszka, Peter (2004): PR-Arbeit als Organisationsfunktion. Konturen eines organisationalen Theorieentwurfs zu Public Relations und Kommunikationsmanagement, in: Ulrike Röttger (Hrsg.), *Theorien der Public Relations. Grundlagen und Perspektiven der PR-Forschung*, Wiesbaden: VS, S. 149–168.

Szyszka, Peter (2009): Organisation und Kommunikation. Integrativer Ansatz einer Theorie zu Public Relations und Public Relations-Management, in: Ulrike Röttger (Hrsg.), *Theorien der Public Relations, Grundlagen und Perspektiven der PR-Forschung*, Wiesbaden: VS, S. 135–150.

Tarneden, Rudi (2010). Was sind uns Kinder wert? Wie Unicef Hilfe mobilisiert, in Béla Anda/Stefan Endrös/Jochen Kalka (Hrsg.), *WertZeichen setzen. Wege in die Kommunikationszukunft in Marketing, Medien und PR*, München: FinanzBuch Verlag, S. 144–150.

Theunissen, Petra/Noordin, Wan Norbani (2012): Revisiting the concept „dialogue "in public relations, in: *Public Relations Review*, Jg. *38*, S 5–13.

Theuvsen, Ludwig/Frentrup, Mechthild (2008): Public Corporate Governance und Transparenz öffentlicher Unternehmen, in: *Zeitschrift für öffentliche und gemeinwirtschaftliche Unternehmen/Journal for public and Nonprofit Services*, Jg. *2008*, Beiheft 36, S. 131–149.

Theuvsen, Ludwig (2011): Professionalisierung des Nonprofit-Managements durch Governance-Kodizes. Eine Analyse der Transparenzwirkungen, in: Andreas Langer/Andreas Schröer (Hrsg.), Professionalisierung im Nonprofit Management, Wiesbaden: VS, S. 131–149.

Tonnemacher, Jan (2008): Berufsfeld Nonprofit-PR, in: Günter Bentele/Romy Fröhlich/Peter Szyska (Hrsg.), *Handbuch der Public Relations. Wissenschaftliche Grundlagen und berufliches Handeln. Mit Lexikon,* Wiesbaden: VS, S. 495–500.

Universität Leipzig/Der Pressesprecher/Fink & Fuchs PR AG (2010): Social Media Governance 2010, [online] http://de.slideshare.net/FFPR/studie-social-media-governance-2010-studienergebnisse [18.03.2013].

Viest, Oliver (2004): *Online-Kommunikation als Managementinstrument für karitative Nonprofit-Organisationen,* Norderstedt: Grin.

Voswinkel, Stephan (2001): *Anerkennung und Reputation,* Konstanz: UVK.

Waters, Richard D. / Burnett, Emily/Lamm, Anna/Lucas, Jessica (2009): Engaging stakeholders through social networking: How nonprofit organizations are using Facebook, in: *Public Relations Review,* Jg. *35,* Nr. 2, S. 102–106.

Waters, Richard D. / Jamal, Jia Y. (2011): Tweet, tweet, tweet: A content analysis of nonprofit organizations' Twitter updates, in: *Public Relations Review,* Jg. *37,* Nr. 3, S. 321–324.

Watzlawick, Paul/Beavin, Janet/Jackson, Don D. (1969): *Zwischenmenschliche Kommunikation,* Bern: Huber.

Walsh, Gianfranco/Wiedmann, Klaus-Peter (2004): A Conceptualization of Corporate Reputation in Germany. An Evaluation and Extension of the RQ, in *Corporate Reputation Review,* Jg. *6,* Nr. 4, S. 304–312.

Welker, Martin/Wünsch, Carsten/Böcking, Saskia/Bock, Annekatrin/Friedemann, Anne/Herbers, Martin/Isermann, Holger/Kniper, Thomas/Meier, Stefan/Pentzold, Christian/Schweitzer E.J. (2010): Die Online-Inhaltsanalyse. Methodische Herausforderung, aber ohne Alternative, in Martin Welker, Carsten Wünsch (Hrsg.), *Die Online-Inhaltsanalyse. Forschungsobjekt Internet*, Köln: Herbert von Halem, S. 9–31.

Werner, Angélique (2011): *Communication2win. Praxishandbuch für innovative Marketingkommunikation im Zeitalter sozialer Netzwerke*, Erlangen: Publicis.

Wiedmann, Klaus-Peter/Buxel, Holger (2004): Stellenwert und Umsetzung des Reputationsmanagement. Empirische Ergebnisse und kritische Einschätzung, in *PR-Magazin,* Jg. *35,* Nr. 8, S. 51–58.

Wiedmann, Klaus- Peter/Fombrun, Charles J. / Riel, Cees B. M. van (2007): Reputationsanalyse mit dem Reputation Quotient, in Manfred Piwinger/Ansgar Zerfaß (Hrsg.), *Handbuch Unternehmenskommunikation,* Wiesbaden: Gabler, S. 321–337.

Will, Markus (1999): Reputation & Communications Management, in Günter Schulze-Fürstenow/Bernd-Jürgen Martini (Hrsg.), *Handbuch der PR. Öffentlichkeitsarbeit in Wirtschaft, Verbänden, Behörden,* Berlin: Luchterhand, S. 1–17.

Wohlfahrt, Ed (2010): Chance Online-PR. Zielgerichtet kommunizieren im Social Web, in Anne M. Schüller/Torsten Schwarz (Hrsg.), *Leitfaden WOM Marketing*, Waghäusl: Marketing-Börse GmbH, S. 132–143.

Yang, Aimei / Taylor, Maureen (2010): Relationship-building by Chinese ENGOs' websites. Education, not activation, in: *Public Relations Review,* Jg. *36,* Nr. 4, S. 342–351.

Zerfaß, Ansgar / Boelter, Dietrich (2005): *Die neuen Meinungsmacher. Weblogs als Herausforderung für Kampagnen, Marketing, PR und Medien,* Graz: Nausner & Nausner.

9 Abkürzungsverzeichnis

a. D.	außer Dienst
BITKOM	Bundesverband Informationswirtschaft, Telekommunikation und neue Medien
bzw.	beziehungswiese
DPRG	Deutsche Public Relations Gesellschaft
DZI	Deutsches Zentralinstitut für soziale Fragen
Ebd.	Ebenda
et al.	et alteri
e. V.	Eingetragener Verein
FDP	Freie Demokratische Partei
IReMs	Integriertes Reputationsmanagementsystem
NPO	Nonprofit-Organisation
PR	Public Relations
PWC	Price Waterhouse Coopers
Unicef	United Nations Children´s Fund
WWF	World Wide Fund for Nature
u. a.	unter anderem
vgl.	vergleiche
z. B.	zum Beispiel

10 Abbildungsverzeichnis

11 Tabellenverzeichnis

12 Anhang

12.1 Kategorienschema Inhaltsanalyse

Allgemeine Erläuterungen zum Kategorienschema

Die formalen Kategorien umfassen *Social Media Kanal, Aussageform, Datum/Uhrzeit, Vorhandensein eines Hyperlinks*. Zusätzlich zählen *Kommunikator* und *Adressat* der Botschaft innerhalb der Analyseeinheit zu den formalen Kategorien. Die Einteilung der Adressaten in verschiedene Bezugsgruppen geht unter anderem auf eine Differenzierung der Anspruchsgruppen von Yang und Taylor (2010: 346) zurück, während die konkreten Themen für die erste inhaltliche Kategorie *Themenselektion* bzw. *Themendarstellung* auch aus demselben Codeschema abgeleitet, zum Teil aber auch selbständig entwickelt wurden. Der *thematische Fokus* ist einem Modell der Zielgruppenansprache von Mast (2012: 90) entliehen, während die Erhebung von *Timing* und *Aktualität* auf die Ausführungen von Tarneden (2011) und Krzeminski (1997) zurückgeht.

Die Themen, über die eine NPO spricht, und besonders die unter Kategorie 7_4 erhobenen *reputationsspezifischen Themenelemente* (vgl. 6.3.1) sind zentral für ihre Positionierung bzw. Selbstdarstellung und damit den Reputationsaufbau durch Differenzierung von anderen Mitbewerbern und Identifizierbarkeit durch Schaffung eines eigenen Profils. Während die „Geschichten" mit der inhaltlichen Positionierung also in der Kategorie *Themendarstellung* erhoben werden, widmet sich die Kategorie 8 *Narrationstechnik* der Frage, wie diese Geschichten erzählt werden. Abgebildet werden dabei der *Kommunikationsstil*, die *Kommunikationsstrategie* und die *Visualisierung* als Element der Veranschaulichung des Erzählten. Der *Kommunikationsstil* als Muster der kommunikativen Mitteilung und die *Kommunikationsstrategie* werden im Rekurs auf Mast (2012: 90) beschrieben. An welche Kommunikationsdimension nach Aula (2011) der Narrationsmodus anknüpft, um Anspruchsgruppen anzusprechen, zu aktivieren und damit Unterstützungspotenziale (=Reputation) frei zu setzen, erläutert Kategorie 8_4 *(Reputationsrelevanter Narrationsmodus").*

Da Reputation sich auf einer kommunikativen Ebene ebenso aus Beziehungsaufbau konstituiert (Aula 2011: 30 / Gallardo 2011: 48) und im Wesentlichen ein Ergebnis von kommunikativer Interaktion ist, (Ha/James 1998: 459/460) untersucht eine weitere Kategorie den kommunikativen *Beziehungsaufbau* anhand der *Formalität*, der *Personalisierung* sowie der Kommunikationsfunktion zwischen *Appel, Information, Persuasion* und *Dialog (*vgl. Lovejoy/Saxton 2012; Peters, 2011; Waters/Jamal, 2011). Die Kategorie 9_4 *Reputationsrelevante Kommunikationsintention* bewertet, ob Kommunikation einen Reputationsgewinn auf der *kognitiven, sozialen* oder *emotionalen* Dimension beabsichtigt.

Insgesamt haben die Unter-Kategorien 7_4, 8_4 und 9_4 **Fazit-Charakter** und bewerten zusammenfassend den **Reputationsbezug bzw. die Reputationsrelevanz** der jeweiligen Kategorie.

Da Reputation im Rekurs auf Eisenegger und Imhof (2009: 254) eine evaluative Funktion zugesprochen werden kann, sie also im Gegensatz zum Image, eindeutige Bewertungsmuster evoziert (vgl. ebd.), bewertet eine evaluative **Kategorie** die Resonanz anhand der Anzahl der jeweils vergebenen spontanen Beifallsbekundungen anhand von „Gefällt mir" oder „Retweets" Klickraten (10.1), führt positive User-Kommentare (10.2) auf und fokussiert die weitere Interaktion (11) anhand der Symmetrie (11.1) und der Entwicklung des Gesprächsverlaufs (11.2).

Formale Kategorien

Kategorie-nummer	Name der Kategorie	Codes	Erläuterungen
K1	Social Media Kanal	1=Facebook 2=Twitter	Der nummerische Code legt fest, auf welchem sozialen Netzwerk sich die Analyseeinheit befindet.
K2	Aussageform	1=teilt Link 2=teilt Link mit Textzusatz 2=teilt Text 3=teilt Bild 4=teilt Bild mit Textunter/Überschrift 5=Sonstige	Hier ist zu eruieren, welche Aussageform die Analyseeinheit annimmt, also ob die Organisation einen anderen Link teilt, selbst einen Text postet bzw. tweetet oder nur ein visuelles Element, wie z. B. ein Bild, verbreitet.
K3	Datum und Uhrzeit	tt.mm.jjjj um xy:xy Uhr	Datum und genaue Uhrzeit eintragen.
K4	Hyperlink	1=mit Hyperlink 2=ohne Hyperlink	Angeben, ob die Analyseeinheit allein steht oder Hyperlink enthält.
K5	Kommunikator		Absender der Analyseeinheit angeben.
K6	Adressat		Adressat, hier Mehrfachnennungen der verschiedenen NPO Gruppen möglich.

Inhaltliche Kategorien

Kategorien-nummer	Kategorien-name	Kategorienaus-prägungen	Erläuterungen
K7	Themendar-stellung	Allgemein	K7 analysiert, welche Themen eine NPO wählt und wie diese konkret dargestellt werden.
		7_1 Thema	Beschreibt, das Thema, das in der Analyseeinheit behandelt wird.
		K7_2 Thematischer Fokus	Prüft, ob Ereignisse und Fakten, Regeln und Zusammenhänge, Probleme und Entscheidungssituationen oder Personen und Sensationen bzw. Sonstiges im Fokus der Aussage stehen.
		K7_3 Timing und Aktualität	Prüft, ob das Thema in Konsonanz zur aktuellen Medienagenda steht oder es sonst einen zeitlich relevanten Themenbezug zu identifizieren gibt.
		K7_4 Reputations-spezifische Themenelemente	Untersucht die Analyseeinheit abschließend auf ihre reputationsspezifischen Elemente: Wird das Wort „Reputation“ **explizit** verwendet oder findet es **implizit** durch verwandte Begriffe wie „Ruf“, „Ansehen“ oder Werte (Vertrauen, Zuverlässigkeit, Integrität), die auf Reputation einzahlen, Verwendung? Oder wird Reputation **kontextuell** und/oder **prozessual** indiziert, d. h. durch das Thema/die Botschaft der Analyseeinheit selbst oder durch Prozesse/Handlungen (z. B. transparenter Umgang mit Spendengeldern) abgebildet? Filterfunktion für die Reputationsrelevanz

Kategorien-nummer	Kategorien-name	Kategorienaus-prägungen	Erläuterungen
K8	Narrations-technik	Allgemein	In dieser Kategorie ist zu entscheiden, welche Techniken der erzählerischen Darstellung bei der Themenvermittlung durch eine NPO auffallen.
		K8_1 Kommunikati-onsstil	Hier ist festzuhalten, ob auf einschlägige Stilmittel, wie z. B. *Metaphern, Symbole, Vergleiche, direkte Reden, Hyperbeln, Antithesen, Adjektiv-Konstruktionen etc.* zurückgegriffen wird. In Anlehnung an Mast (2012) wird zudem untersucht, ob der Stil eher *Berichtend, Erklärend, Rat Gebend* oder *Erzählend* ist. Die Kategorie beschreibt den Stil genau und erläutert, welcher Typus dominiert. Abweichungen sind als „Sonstige“ umfassend zu beschreiben.
		K8_2 Kommunikati-onsstrategie	Im Rekurs auf Mast (2012) wird zwischen vier Typen *(Ereignisorientiert, Wissenszentriert, Handlungzentriert, Gefühlszentriert)* der Kommunikationsstrategie in der Zielgruppenansprache unterschieden, Abweichungen davon werden unter der Kategorie *„Sonstiges“* beschrieben. Die gefühlszentrierte Strategie wäre beschreibbar durch Indikatoren wie dem verstärktem Gebrauch von *Emoticons, Großbuchstaben, signifikanter Interpunktion* (z. B. „Toll!!) und *Onomatopoetika* (z. B. „brrr, ist das kalt!“).
		K8_3 Visualisierung	Hier ist festzuhalten, ob zusätzlich auf Visualisierung als Stilmittel des Erzählens gesetzt wird, wird das im Text Dargestellte zusätzlich durch Bilder, Videos, Grafiken, Tabellen oder Schaubilder veranschaulicht und ist damit der Text um visuelle Elemente angereichert?

Kategorien-nummer	Kategorien-name	Kategorienaus-prägungen	Erläuterungen
		K8_4 Reputationsrelevanter Narrationsmodus	8_4 fasst erläuternd zusammen, wie Narrationstechniken versuchen, Unterstützungspotenziale (= Reputation) zu aktivieren. Dabei steht die gewählte Kommunikationsdimension der erzählerischen Darstellung in Anlehnung an Aula (2011) im Fokus: Geht es um eine klare Stellungnahme bzw. Bekleidung einer bestimmten Themennische *(Reputations as positions),* konzentriert sich die Erzählung auf Beziehungen, deren Aufbau und Gestaltung *(Reputations as relationships)* oder nährt sich die Narration durch ihren symbolischen Gehalten, durch das Erzählen von Geschichten, die gemeinhin mit der Organisation und ihrem „kollektiven Mythenbestand" (Krzeminski 1997: 11) verknüpft werden *(Reputation as symbolic capital)* ?
K9	Beziehungsaufbau	Allgemein	Diese Kategorie legt fest, wie der kommunikative Beziehungsaufbau umgesetzt wird.
		K9_1 Formalität	Hier ist zu eruieren, wie formell bzw. informell der Sprachstil ist. Indikatoren für eine formelle Sprache sind das „Siezen" sowie die Verwendung von Schriftsprache, Indikatoren für informelles Sprechen sind das „Duzen" sowie die Verwendung umgangssprachlicher Wendungen (z. B. „Hey", „Ups" etc.), die in die orale Dimension hineinfallen. Formelle Sprache zeugt für eine *Distanz* zu Adressat, informelles Sprechen vermittelt hingegen *Nähe.*

Kategorien-nummer	Kategorien-name	Kategorienaus-prägungen	Erläuterungen
		K9_2 Personalisierung	Personalisierung ist auf drei Ebenen feststellbar, so z. B. a) *Ebene des Absenders*: Bleibt die Organisation als solche abstrakt im Hintergrund oder tritt sie als greifbare „Person" auf? b) *Ebene des Adressaten:* Werden als einzelne User direkt und personalisiert angesprochen, gibt es einen direkten Bezug zu den Usern? c) *Ebene des Textes:* Werden im Text der Analyseeinheit einzelne Personen genannt und sich auf diese bezogen?
		K9_3 Kommunikationsfunktion	Bewertet, wie eine Analyseeinheit Beziehungsaufbau durch Kommunikation mit Anspruchsgruppen als Bestandteil des Reputationsmanagement nutzt. Hat die Kommunikation die Funktion, Unterstützungspotenziale durch *Appelle* (z. B. Spendenaufruf, Erinnerung an Event, Bitte zur Teilnahme an Gewinnspielen etc.) oder durch Mehrwerte an *Information* (Fakten, Nachrichten etc.) freizusetzen? Geht es um eine auf Fakten und Argumenten basierende *Persuasion*? Oder wird Reputationsaufbau als kommunikativer Beziehungsaufbau im gegenseitigen *Dialog* verstanden und betrieben? *Hinweise* für eine *dialogorientierte Kommunikation* als reputationsförderliches „relationship management" sind: → *Antwort und Eingehen auf Feedback/Kritik* → *Kommentierung von Beiträgen* → *moderierende Teilnahme der Organisation an einem Gespräch durch Antwort auf Tweets und Posts von Usern*

Kategorien-nummer	Kategorien-name	Kategorienaus-prägungen	Erläuterungen
			→ *Versuch der Konsensfindung bei einer Diskussion im Verlauf eines Social Media Beitrages innerhalb der Analyse-Einheit* → *Versuch der Konfliktlösung im Verlauf eines Social Media Beitrags innerhalb der Analyse-Einheit* Auch hier sind weitere Ausprägungen aufgrund der Offenheit des Kategorienschemas denkbar.
		K9_4 Reputationsrelevante Kommunikationsintention	Beurteilt, welche Intention die Kommunikation verfolgt, d. h. welche Dimensionen von Reputation berührt wird, um eine positive Wahrnehmung zu assoziieren. Die Bewertung der Intention erfolgt im Rückgriff auf die Dimensionen der Reputation nach Ingenhoff und Bredl (2011): 1) *Funktional-Kognitive Dimension:* Möchte die Organisation ihre Kompetenz in Form der Erfüllung von Leistungsanforderungen demonstrieren? 2) *Sozial-Kognitive Dimension:* Verfolgt die Kommunikation, die Intention, moralische Pflichterfüllung, Wertebezug und Integrität zu vermitteln? 3) *Expressiv-Affektive Dimension:* Wirkt die Organisation sympathisch, weil sie authentisch agiert und zugleich emotionale Empathie weckt?

Evaluative Kategorien

Kategorien-nummer	Kategorien-name	Kategorienaus-prägungen	Erläuterungen
K10	Resonanz	Allgemein	Hier wird die Resonanz auf die Analyseeinheit als reputationsrelevante, langfristige und normative Bewertung durch die User überprüft.
		K10_1 Spontanes Bekunden von Interesse und positiver Bewertung	Anzahl der Klickzahlen auf „Gefällt mir“ Button und die Anzahl der Retweets werden quantitativ festgehalten.
		K10_2 Positive Kommentare	Hier werden Kommentare positiver Natur, die zugleich reputationsrelevant sein können, frei verbal beschreiben und, wenn möglich, im Kontext der Analyseeinheit interpretiert.
K11	Interaktion	Allgemein	Hier wird die weitere Interaktion, sprich der Gesprächsablauf, in einer Analyseeinheit untersucht.
		K11_1 Symmetrie	Geht die Organisation auf Fragen und Antworten der User ein, entwickelt sich die Symmetrie des Gesprächs auf dem Kontinuum zwischen einseitig und zweiseitig weiter? Wird evtl. sogar der unter 9_3 aufgeführte Dialog an dieser Stelle konkreter oder möglich?
		K11_2 Entwicklung des Gesprächs	Falls sich ein Gespräch im Verlauf der Analyseeinheit entwickelt hat, wird dieses hier nochmal zusammenfassend und abschließend frei verbal beschrieben: Wie hat sich die Organisation kommunikativ verhalten, hat sie auf Kommentare, Meinungen und Bewertungen der User reagiert und Chancen zum Ausbau des direkten Kontakts ergriffen?

12.2 Kategorienschema für die Auswertung der Transskripte der Leitfadeninterviews

Allgemeine Erläuterungen zum Kategorienschema

Auf Basis der theoretischen Fundierung wurden Kategorien entwickelt und ein übergeordnetes Analyseraster für die Auswertung der Transskripte konzipiert. Dabei decken sich die theoretischen Analysekategorien für die Transskripte der Leitfadeninterviews in großen Teilen mit dem zuvor entwickelten Kategorienschema für die Inhaltsanalyse. Dies impliziert, dass das für die erste Phase der empirischen Untersuchung entwickelte Instrument des Kategorienschema als solches wieder verwandt werden konnte, einzelne Kategorien jedoch modifiziert und/oder erweitert werden mussten.

Die hier bereits **deduktiv hergeleiteten Merkmalsausprägungen** zu den einzelnen Kategorien werden im Verlauf der Erhebung zusätzlich **induktiv** adaptiert, d. h. die Liste der Ausprägungen entwickelt sich im Prozess der Datenextraktion weiter (vgl. Gläser/Laudel 2010: 201), für jede Überkategorie sind also prinzipiell Ergänzungen und Erweiterungen zu den bereits gegebenen Ausprägungen denkbar. Die extrahierten Textelemente werden als wörtliche Originalzitate der Befragten unter den jeweils passenden Kategorien eingetragen, erst bei dem nächsten Schritt der Auswertung, der strukturierten Zusammenfassung, erfolgt die Loslösung vom Originalton und die Formulierung in einen übergeordneten Interpretationskontext.

Die erste Kategorie erfasst die Definition von Reputation, die die Befragten für sich aufstellen und erfasst dabei gleichzeitig die Relevanz (K2_1), die der Reputation für NPOs attribuiert wird sowie Methoden der Messung (K1_3) innerhalb der Organisation. Auf welche der drei Kommunikationsdimensionen Reputation as positions, Reputation as symbolic capital **oder** Reputations as relationships sich die Befragten in ihrem Verständnis von Reputation beziehen, ermittelt K_2., die in Analogie zu K8_4 Narrationsmodus der Inhaltsanalyse theoretisch in Anlehnung an Aula (2011) abgeleitet wurde. Personelle Zuständigkeit, Beitrag der Kommunikation zur Reputation sowie der Bewusste Einsatz von Kommunikation für das Reputationsmanagement werden durch K_3 Reputationsmanagement eruiert. Der Strategie, sowohl der allgemeinen Kommunikationsstrategie als auch der spezifischen Social

Media Strategie werden in K_4 und K_5 Rechnung getragen. In Übereinstimmung mit den Kategorien der Inhaltsanalyse werden dabei in K_5 Einbindung der Social Media in die Gesamtkommunikation, Präsenz auf Social Media, Stellenwert der Social Media erhoben, während der Aspekt Monitoring nur als Kategorie der Befragung fungieren kann.

K_6 und K_7, die Umsetzung von Social Media PR auf Facebook und Twitter, ist ebenfalls analog zur Inhaltsanalyse in drei große Kategorienkomplexe untereilt: Themen, Narrationstechnik und Beziehungsaufbau spiegeln die Kommunikationsdimensionen auf Social Media wider. Die Resonanz, ebenfalls Kategorie der Inhaltsanalyse, wird durch die Ausprägungen Dialog, Interaktion und Feedback erhoben – Elemente, die so auch durch die Kategorien 9, 10 und 11 der Inhaltsanalyse erfasst werden. Neu fließen in das Kategorienschema für die Auswertung K_9, K_10 und K_11 ein, die den Beitrag von Social Media zum Reputationsmanagement, operationalisiert durch mediumspezifische Chancen-und Risikopotenziale (K9_2 und K9_4) und Positive und Negative Wirkungen (K9_3 und K9_5), sowie die Nutzungspotenziale für das Reputationsmanagement und künftige Gestaltungsparameter beleuchten: Elemente, die sich so nicht durch eine Inhaltsanalyse erheben lassen und deswegen als Gegenstand der Reflexionen auf ExpertInnenebene in das Kategorienschema für die Auswertung einfließen.

12.3 Leitfaden für die Experteninterviews

Social Media Reputationsmanagement für Nonprofit-Organisationen

Datum:
Uhrzeit:
Dauer des Interviews:
Name des Experten/der Expertin

Einleitung

Vorbemerkungen der Interviewerin (dankt für den Termin, Anlass des Telefonats, Thema der Studie, Expertenauswahl), Darlegung der Ziele der Befragung, Übermittlung der Ergebnisse anbieten, Dauer des Interviews, Datenschutz, Zustimmung zur Aufzeichnung

Einstiegsfrage:
Zuerst würde ich gerne etwas über Sie in Ihrem beruflichen Umfeld erfahren.

- Können Sie sich und Ihre Rolle im Unternehmen bitte ganz kurz vorstellen?
- Wie sieht in etwas ihr tägliches Arbeitsspektrum aus?

1. **Verständnis von Reputation und Reputationsmanagement**

Zum Einstieg soll zunächst geklärt werden, was Sie unter dem Begriff Reputation verstehen.

1.1. Reputation wird oft als Ansehen oder Ruf umschrieben. Was verstehen Sie persönlich unter Reputation, gerade in Bezug auf eine Organisation?

1.2. Welche Bedeutung hat Reputation bzw. Reputationsmanagement für NPOs im Allgemeinen und ihre Organisation im Besonderen?
   - Wie sind die personalen Zuständigkeiten für Reputationsmanagement? Wer ist für die strategische Planung von Reputationsmanagement zuständig, wer für die operative Umsetzung?

1.3. Kommunikation und Öffentlichkeitsarbeit, so heißt es, ist relevant für Reputationsmanagement.
- Wie würden Sie den Beitrag der Kommunikation und Öffentlichkeitsarbeit zum Reputationsmanagement beschreiben? Wie kann man durch Kommunikation Reputation steuern und beeinflussen?
- Wie bewusst ist Ihnen in Ihrer täglichen Arbeit dieses Beitrag der Kommunikation zum Reputationsmanagement, setzen Sie konkret Maßnahmen um oder läuft das indirekt über die Gesamtheit ihrer Kommunikationsmaßnahmen?

2. Kommunikationspraxis des Reputationsmanagements auf Social Media

Nun wollen wir darüber sprechen, wie das Reputationsmanagement in Ihrer NPO in der Praxis aussieht.

2.1. Welche Maßnahmen ergreifen Sie für das Reputationsmanagement auf Social Media?
- Auf welchen Social Media Anwendungen sind Sie mit Ihrer Organisation vertreten? Checkliste: *Facebook Twitter Xing YouTube LinkedIn Sonstige*
- Welchen Stellenwert haben Social Media im Vergleich zu anderen Kommunikationsinstrumenten?
- Sind sie strategisch in die Gesamtkommunikation Ihrer Organisation eingebunden?

➤ Nachfrage nach: *Allgemeine Kommunikationsstrategie, Kommunikationsmix, Weiterentwicklung der Kommunikationsstrategie*

2.2. Wie würden Sie Ihre Social Media PR auf *Facebook* beschreiben?

➤ Nachfrage nach *Themen, Ziele und Zielgruppen, Art der Kommunikation*

2.3. Wie würden Sie Ihre Social Media PR auf *Twitter* beschreiben?

➤ Nachfrage nach *Themen, Ziele und Zielgruppen, Art der Kommunikation*

2.4. Wie hoch würden Sie die Aktivität und besonders die Dialogaktivität auf diesen Anwendungen einschätzen?

› Nachfrage nach: *Formen des direkten Kontakts mit Usern, Umgang mit Kritik und Feedback*

2.5. Im Internet wird jedoch nicht immer nur mit Ihnen gesprochen, sondern auch über Sie. Wissen Sie, was über Sie gesagt wird, verfolgen Sie ein Monitoring?

- Wenn ja nutzen Sie dieses Monitoring auch zum Zweck der Ermittlung ihrer Reputation?
- Wird Reputation in Ihrer Organisation gemessen? Und wenn ja, wie?

3. Potenziale von Social Media für das Reputationsmanagement

Abschließend interessiert mich Ihre Einschätzung zu Auswirkungen und Potenzialen eines Social Media Reputationsmanagements.

3.1. Welchen Beitrag liefern Social Media als Kommunikationsinstrument zum Reputationsmanagement?

3.2. Welche negativen Auswirkungen können sich in und durch Social Media für die Reputation von NPOs im Allgemeinen und das Ihrer Organisation im Besonderen ergeben

3.3. Welche positiven Auswirkungen haben Social Media auf das Reputationsmanagement von NPOs im Allgemeinen und ihrer Organisation?

Wo liegen Ihrer Meinung nach die größten Nutzungspotenziale der Social Media PR für die Reputation einer NPO und auch das Reputationsmanagement?

Abschlussfrage:

Haben Sie abschließend noch etwas hinzuzufügen, was bisher nicht erwähnt wurde oder die bisherigen Ausführungen ergänzt?